Josef W. Seifert

Konfliktmoderation

Josef W. Seifert

Konfliktmoderation

Ein Leitfaden zur Konfliktklärung

GABAL

Externe Links wurden bis zum Zeitpunkt der Drucklegung des Buches geprüft. Auf etwaige Änderungen zu einem späteren Zeitpunkt hat der Verlag keinen Einfluss. Eine Haftung des Verlags ist daher ausgeschlossen.

Bibliografische Information der Deutschen Nationalbibliothek
Die Deutsche Nationalbibliothek verzeichnet diese Publikation in der Deutschen Nationalbibliografie; detaillierte bibliografische Daten sind im Internet über http://dnb.d-nb.de abrufbar.

ISBN 978-3-86936-840-5

Lektorat: Anna Ueltgesforth, Amorbach | www.arsvocis.de
Umschlaggestaltung: Martin Zech Design, Bremen | www.martinzech.de
Titelfoto: wavebreakmedia/Shutterstock
Karikaturen: Peter Kaste, Westerstede
Grafiken: Kommunikationsagentur David.Seifert
Bilder S. 127, 128, 129 www.fotolia.de
Autorenfoto: Tilman Weishart
Satz und Layout: Lohse Design, Heppenheim | www.lohse-design.de
Druck und Bindung: Salzland Druck, Staßfurt

3., überarbeitete Auflage des 2009 erschienenen Titels „Moderation und Konfliktklärung – Leitfaden zur Konfliktmoderation" (ISBN 978-3-86936-011-9)

Printed in Germany

www.gabal-verlag.de
www.facebook.com/Gabalbuecher
www.twitter.com/gabalbuecher

*»Man muss
den rollenden Schneeball
zertreten. Die Lawine hält
keiner mehr auf. Sie ruht erst,
wenn sie alles unter sich
begraben hat.«*

Erich Kästner

Zum Buch

Das vorliegende Buch ist ein »dicht« geschriebenes How-to-do-Buch, ganz in der Tradition meiner anderen Bücher. Bei diesem Thema war es besonders schwer, kurz und knapp zu sein und konkret zu sagen, »wie man es macht«, weil der Umgang mit Konflikten sehr komplex ist. Ich habe trotzdem versucht, einen knappen Überblick über das »Handwerk« zu skizzieren.

Mag sein, dass es nun dem einen nicht konkret genug ist und die andere sich mehr theoretisches Rüstzeug wünscht. Dem einen biete ich »die Ausbildung zum Buch« an, eine »How-to-do-Kompaktausbildung«, und die andere lade ich ein, sich zu den dargestellten Aspekten die Primär- bzw. Vertiefungsliteratur vorzunehmen, die ich benannt habe. So ist vielleicht doch allen geholfen, denen, die sich eine knappe How-to-do-Einführung ins Thema wünschen, und denen, die sich theoretisch weiter vertiefen möchten.

Das Buch basiert einerseits auf meinen Moderationsbüchern und meiner Moderationserfahrung und andererseits auf den Ansätzen meiner Lehrer, wie Christoph Thomann, Friedrich Glasl, Nossrat Peseschkian, Marshall Rosenberg, Friedemann Schulz von Thun, Samuel Widmer, Paul Watzlawick u. v. a., deren Ansätze ich mir zu Eigen gemacht habe und die in dieses Buch eingeflossen sind.

Die skizzierten Grundsätze und Vorgehensvorschläge sind für die Konfliktklärung von zwei Personen bis ca. 12 Beteiligten gedacht.

Herzlichst, Josef W. Seifert

Übrigens … Wenn hier vom Moderator oder Mediator die Rede ist, dann sind selbstverständlich immer auch die Moderatorin und die Mediatorin gemeint. Mir fällt so das Schreiben leichter und ich finde, der Text liest sich auch besser – o.k.!?

Inhalt

Konfliktklärung – Grundsätzliches

Ein Konflikt, was ist das eigentlich?

Konflikte kennt jeder. Konflikte sind alltäglich. Konflikte sind nicht vermeidbar. Was aber ist das eigentlich, ein Konflikt?

Ist eine Meinungsverschiedenheit ein Konflikt? Haben wir also, wenn wir unterschiedliche Wertvorstellungen vertreten, etwa darüber, wie in unserer Organisation geführt werden soll, einen »Wertekonflikt«? Und einen »Zielkonflikt«, wenn wir unterschiedlicher Auffassung darüber sind, wo wir mit unserer Organisation »hinwollen«? Oder einen »Wegekonflikt«, wenn wir uns zwar über das Ziel einig sind, nicht aber über die Strategie? Ich meine nein, das sind Meinungsverschiedenheiten, keine Konflikte. Richtig ist, dass aus Meinungsverschiedenheiten Konflikte entstehen, und zwar immer dann, wenn die Beziehung Differenzen nicht aushält.

Zu einem Konflikt kommt es, wenn emotionale Kratzer, Narben und Wunden entstehen

Ein Konflikt entsteht nicht zwangsläufig schon dann, wenn der Versuch, sich auf eine gemeinsame Sichtweise darüber zu einigen, was erstrebenswert ist oder was wem zusteht etc., misslingt. Zu einem Konflikt kommt es erst, wenn emotionale Kratzer, Narben und Wunden entstehen.

Wenn wir uns nicht einig sind, wie etwas zu sehen oder zu bewerten ist, etwa was unsoziales Verhalten ist oder ein erstrebenswertes Ziel, wie wir unsere knappen Ressourcen am sinnvollsten nutzen sollten ..., dann ist das nichts weiter als ein Unterschied in Wahrnehmung und/oder Bewertung. Und wir können trotzdem respektvoll, ja wohlwollend miteinander umgehen.

Kann ich aber dem anderen nicht mehr offen gegenübertreten, weil ich mich von ihm nicht gesehen, nicht ernst genommen, benutzt, hintergangen oder verraten fühle, dann haben wir mehr als eine unterschiedliche Sichtweise, mehr als eine Meinungsverschiedenheit. Jetzt können wir mit dem anderen nicht mehr über die Sache sprechen, ohne an der Wahrheit unserer Beziehung zu zweifeln. Nein, jetzt zweifeln wir an der Echtheit unserer Beziehung und damit an der Aufrichtigkeit des anderen und an den Worten, die er sagt ... Wir beginnen zu glauben, dass der andere uns Böses will, und die »Abwärtsspirale« dreht sich, wir haben einen Konflikt.

So weit, so gut. Was aber heißt das nun ganz konkret?

Vergegenwärtigen wir uns dazu zunächst, was für gelingende Kommunikation essenziell ist und im Konfliktfall aus den Fugen gerät.

Inhalt und Beziehung

Immer, wenn Menschen miteinander sprechen, sprechen sie auf zwei Ebenen gleichzeitig miteinander. Einerseits sagen sie etwas über eine Sache, und andererseits sagen sie gleich dazu, wie sie das, was sie sagen, verstanden haben möchten.

Wenn etwa eine Mutter mit ihrem Kind schimpft, so wird sie dies nicht »zuckersüß« tun, sondern mit entsprechendem »Nachdruck«. Wenn die Chefin einen Mitarbeiter kritisiert, wird sie ebenfalls eher ein ernstes Gesicht aufsetzen, damit dieser auch merkt, wie ernst es ihr mit der Kritik ist.

Die Kritik hat einen Inhalt, nämlich die zu kritisierende Sache, und eine Form, durch die Art, wie sie gesagt wird. Der Inhalt ist der Inhalt, und der kann mehr oder weniger verständlich formuliert sein. Aber das »Wie« beschreibt durch Tonfall, Lautstärke, Modulation, Körperhaltung, Blick usw. die Beziehung zwischen den beteiligten Personen.

Die Beziehungsebene definiert den Inhalt

Das Wie sagt etwas darüber aus, wie der Sprecher sich in Beziehung zum Zuhörer sieht, wie aus seiner Sicht das ICH zum DU steht. Etwa beim Kritisieren: Glaubt der Sprecher, dass es ihm zusteht, den anderen zu kritisieren? Sieht er sich sogar in der Pflicht, den anderen zu korrigieren? Muss der andere sich das (aus Sicht des Sprechers) gefallen lassen? Diese Fragen werden, unabhängig von der Sache, um die es gerade geht, beantwortet. Zudem beinhaltet dieser Teil der Botschaft möglicherweise auch einen Appell an das Gegenüber, sich in dieser oder jener Weise zu verhalten. Je nachdem, wie der Gesprächspartner darauf reagiert, wird die angebotene Beziehungsdefinition bestätigt oder ein »Gegenangebot« gemacht.

Zusammengefasst: Ein Gespräch läuft immer auf den zwei Ebenen Sachebene und Beziehungsebene ab und beinhaltet immer die drei Aspekte ES, ICH und DU.

Da man im »normalen« Gespräch so tut, als würde man nur über eine Sache sprechen und es gäbe nur die Sach- oder Inhaltsebene, kann man auch vom »Kommunikations-Eisberg« sprechen. Offenkundig ist nur die Spitze. Das »dicke Ende« ist zwar vorhanden, aber nicht offensichtlich. Es ist unter der »Wasser«-Oberfläche verborgen. Die nachstehende Grafik zeigt diesen Zusammenhang:

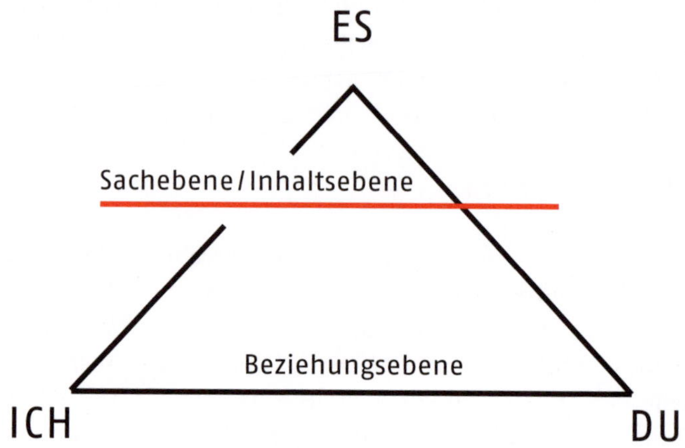

Abb. 1 – Kommunikations-Eisberg

Wenn man sich einen Dialog nun genauer anschaut, findet man, wie die genannten Elemente den Erfolg der Kommunikation beeinflussen.

Der Aspekt ES

Will man in der Sache erfolgreich kommunizieren, also erreichen, dass der andere versteht, was man ihm sagen will, so muss man sich hinsichtlich der Sache, um die »ES« geht, um Verständlichkeit bemühen.

Verständlichkeit kann man fördern

Kurze Sätze (Kürze) und einfache Sprache (Einfachheit), auf den Punkt kommen (Prägnanz) sowie eine geordnete Vortragsweise (Gliederung/Ordnung) und der Einsatz von Schaubildern, Metaphern oder »Witz« (zusätzliche Stimulanz) erleichtern das Zuhören und erhöhen die Verständlichkeit des Gesagten (vgl. Langer/Schulz von Thun/Tausch).

Der Aspekt ICH

Ein Miteinander lebt von Vertrauen. Wir treiben zwar viel Aufwand, um uns abzusichern, aber 100 %ige Sicherheit gibt es nur als Fiktion. Ohne »Glauben an« und ohne »Vertrauen auf« geht es nicht.

Um jemandem vertrauen zu können, ist es erforderlich, dass ich den Eindruck gewinne, dass mein Gegenüber es ehrlich mit mir meint. Dazu muss der andere für mich »erfahrbar« sein. Ich möchte den anderen als authentisch, als »echt« erleben. Ehrliche Aussagen und Reaktionen sind daher stets besser als eine noch so gekonnte »Maskerade«.

Authentizität schafft Vertrauen

Je mehr es den Gesprächspartnern gelingt, authentisch zu sein, desto »wahrer« wird der Dialog.

Der Aspekt DU

Jeder Mensch braucht Nähe. Jeder möchte gesehen, akzeptiert, anerkannt, geliebt werden. Das Maß an Zuwendung, das in einem Gespräch angemessen ist, hängt von der Beziehung ab, die die Gesprächspartner zueinander haben. Immer angemessen sind aber Wertschätzung, Wohlwollen und Achtung vor dem Gegenüber. Die Meinung des anderen anzuhören und nicht als weniger wichtig oder weniger richtig abzutun, ist dazu ein zentraler Beitrag!

Ergänzt man nun den Kommunikations-Eisberg (Abb. 1) um die genannten Aspekte, so wird auf einen Blick deutlich, welche Ziele jeden Gesprächspartner leiten müssen:

Immer angemessen ist die Achtung vor dem Anderen

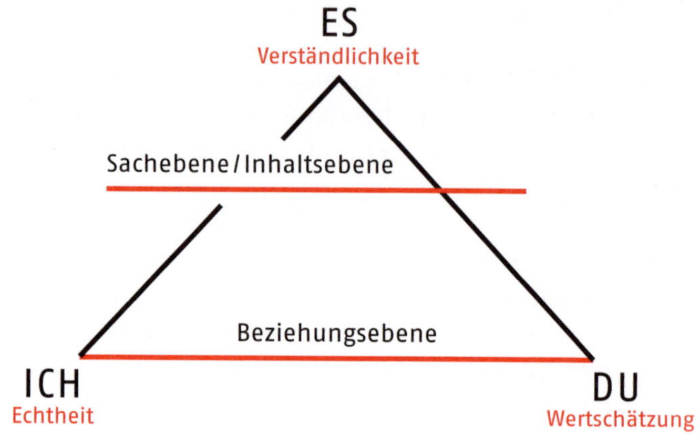

Abb. 2 – Ziele der Kommunikation

Im normalen Umgang mit anderen achtet man in aller Regel nicht auf diese Aspekte, viele Menschen wissen ja auch gar nicht um diese Zusammenhänge. Erfolgreiche Kommunikation entsteht dann, wenn man intuitiv das Richtige tut.

Beziehungen werden und bleiben nur tragfähig, wenn dieses »Richtige« dauerhaft getan wird, wenn das Bemühen darum wach bleibt.

In einer Beziehung muss und kann man nicht siegen

Dieses »Gespür für das Richtige« geht im Konflikt aber verloren. Die Kommunikation wird immer verkrampfter, die Beteiligten sind wenig sensibel für die Belange des anderen. Wenn der andere nicht versteht, wird schnell unterstellt, dass er »nur nicht will«. Erfolgreich kommunizieren bedeutet dann nicht (mehr), zusammenzukommen, sondern zu trennen, zuzuschlagen und möglichst zu »siegen«.

Dabei wird verkannt, dass man in einer Beziehung weder siegen muss noch siegen kann. Verlässt man die Konstruktivität, kann man nur noch schaden und das letztlich auch sich selbst und bliebe da »nur« der Aspekt, dass man Schuld auf sich geladen hat.

Immer wenn die Beziehung infrage gestellt wird oder destruktive Züge annimmt, besteht ein Konflikt – und ich meine, nur dann.

Die zentrale Aufgabe der Konfliktmoderation ist es, Beziehungsstörungen, -krisen, -risse zu erkennen, sichtbar und besprechbar zu machen. Das kann nur gelingen, wenn die Verletzungen nicht bereits zu tief sind, der Konflikt schon zu tief geht.

Doch Beziehungen verschlechtern sich in aller Regel nicht »von heute auf morgen«, sondern ein Konflikt entsteht mit der Zeit, phasen- oder stufenweise. Jeder Konflikt hat seine Genese. Dazu mehr im nächsten Kapitel.

Aus Meinungsverschiedenheiten können Konflikte werden, und zwar immer dann, wenn die Beziehung Differenzen nicht aushält. Doch zu einem Konflikt kommt es erst, wenn emotionale Kratzer, Narben und Wunden entstehen.

Ohne Beziehungsverletzung kein Konflikt.

Konfliktgenese: Entwicklungsstadien von Konflikten

In aller Regel haben Konflikte eine Historie – die Sache »schaukelt sich hoch«, es wird mit der Zeit »immer schlimmer« … Friedrich Glasl hat diesen Sachverhalt als »Treppe in den Abgrund« in die folgenden neun Stufen unterteilt:

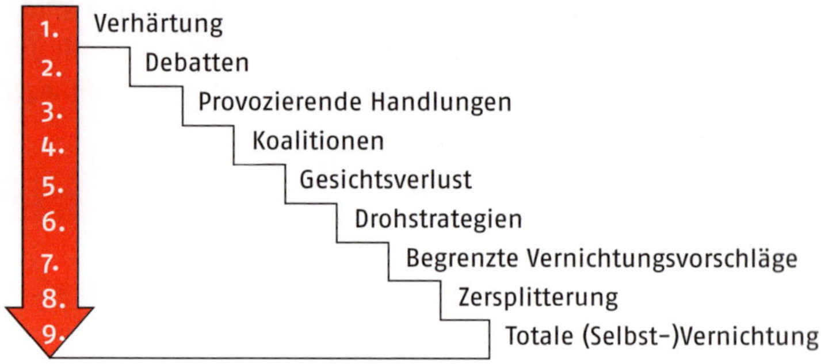

Abb. 3 – »Treppe in den Abgrund« (vgl. Glasl, Konfliktmanagement)

Die Beziehung zwischen den Konfliktparteien verhärtet und führt über das »Abreißen« der Beziehung und die Unfähigkeit, noch konstruktiv miteinander umzugehen, bis hin zum Willen, den anderen zu vernichten, und sei es um den Preis der eigenen Existenz.

Auch wenn man den Faden nicht ganz so fein spinnt, neun Eskalationsstufen zu unterscheiden, und von spontanen Stressreaktionen nach dem »Strickmuster« Autofahrer A beschimpft Autofahrer B, weil dieser ihm den Parkplatz weggeschnappt hat, absieht, bleibt die Tatsache, dass Konflikte nicht im Augenblick entstehen, sondern eine Historie haben. Es kam »irgendwie«. Niemand weiß konkret, wie genau das alles entstanden ist, und wenn, dann ist es eine höchst subjektive Sicht der Dinge. Es wird immer eine Diskussion darüber geben können, ob nun die Henne zuerst da war oder doch das Ei.

Für die Konfliktklärung ergibt es daher weder Sinn noch ist es erforderlich, diese Historie wie Perlen auf der Schnur aufzureihen. Wichtig ist einzig, zu wissen, ob mit einer Intervention durch einen (externen) Moderator mit Kanonen auf Spatzen geschossen würde, ob – im anderen Extrem – die Situation schon derart verfahren ist, dass man keinen Blumentopf mehr gewinnen kann, oder ob das Ganze »irgendwo dazwischen« angesiedelt und ein Versuch zur Klärung angezeigt ist.

Konflikte haben ihre Geschichte

Zur Orientierung für die Praxis der Konfliktmoderation schlage ich ein pragmatisches, dreistufiges Modell, das **»ABC-Modell der Konfliktgenese«**, vor:

Stufe A: Irritation / Verärgerung

Situation: Marotten oder Typunterschiede verursachen Irritationen, die aber geschluckt werden, weil die »Beziehungsbilanz« aufgeht. Die Beziehung ist unbelastet von sonstigen Stressfaktoren, wie Geldsorgen, Arbeitsüberlastung oder Zeitdruck. Missverständnisse oder Kommunikations-Tollpatschigkeiten werden durch Wohlwollen abgefedert.

Interpretation: Verletzungen durch den anderen werden als stressbedingte Fehltritte oder Handlungen aus Gedankenlosigkeit, aus Hilflosigkeit der Situation gegenüber oder aus Unwissenheit interpretiert. Missklänge werden beim Kaffee oder beim sprichwörtlichen Bier angesprochen und ausgeräumt, indem man sich »ausspricht«. Oder es platzt einem der Kragen, und man führt ein »Grundsatzgespräch« …

Irritationen sind Konfliktquellen

Intervention: Das kollegiale Gespräch und das klassische Mitarbeitergespräch sind hier die adäquaten Interventionswerkzeuge. Ein Moderator/Teamcoach kann hinzugezogen werden, um das Gespräch zu leiten.

Stufe B: Verletzung

Mikrotraumen fördern den Konflikt

Situation: Aufgestaute »Mikrotraumen« (vgl. Seite 129) führen dazu, dass die Konfliktparteien Verletzungen der anderen Partei zulassen oder gar fördern, etwa, damit diese bei Kollegen, Vorgesetzten, Kunden ... »schlecht dasteht«. Wenn der andere »sein Gesicht verliert«, so ist dies ein kleiner Sieg. Die Verletzungen werden unter den Teppich gekehrt und nicht mehr bereinigt. Die Beziehung wird schlechter, das Konfliktpotenzial wächst.

Interpretation: Verletzungen werden als Dummheit, Frechheit oder auch Rücksichtslosigkeit des anderen interpretiert. Es wird »böse Absicht« für möglich gehalten: »So blöd kann der/die doch gar nicht sein!«

Intervention: Das offene Gespräch »unter Kollegen« ist nicht mehr möglich. Die Situation verhärtet sich, oder es werden laufend weitere Verletzungen produziert. Ein Mitarbeitergespräch bringt bestenfalls keine weitere Verschlimmerung. Ein Konfliktmoderator/Teamcoach kann das Gespräch leiten, und die Chance, dass eine Klärung gelingen kann, ist groß.

Stufe C: Hass

Situation: Verletzungen werden als absichtlich herbeigeführte Provokation des anderen interpretiert. Der direkte Kontakt wird vermieden. Wenn kommuniziert wird, dann über Dritte, wie Personalrat und/oder Rechtsanwalt. Die Parteien versuchen, einander Schaden zuzufügen, und sei es unter Hinnahme eigener Nachteile. Ein Schaden, bei dem man selbst mit weniger Verlust herauskommt als die Gegenpartei, wird als Gewinn gewertet ...

Interpretation: Die Parteien unterstellen sich Böswilligkeit. Dass die andere Seite (noch) menschliche Qualitäten haben könnte, wie die Fähigkeit, Fehler einzugestehen, Fehler zu verzeihen, dem anderen mit Wohlwollen zu begegnen, ihn zu respektieren und anzunehmen … ist außerhalb der Vorstellungskraft. Man unterstellt einander, dass bei einem Treffen nur weitere Verletzungen entstehen würden, da die andere Seite zu einem konstruktiven Dialog weder willens noch in der Lage ist.

Intervention: Ein Gespräch unter der Leitung eines Moderators/Teamcoaches hat – soweit es überhaupt realisierbar wäre – kaum eine Chance auf eine Klärung der Situation. Allein eine Trennung der Konfliktparteien kann den »Betriebsfrieden« wiederherstellen. Wenn nicht eine der Parteien »die Flucht ergreift«, bleibt letztlich nur ein Machteingriff, der die Trennung der Konfliktparteien zum Ziel hat. Für diese Konfliktparteien bedeutet dies weder Klärung noch Heilung, aber für das Team ist ein Neubeginn möglich.

Manchmal bleibt nur Trennung.

• Auf den Punkt gebracht

1) Konflikte basieren auf Beziehungsverletzungen. Ohne Beziehungsverletzung kein Konflikt.

2) Die zentrale Aufgabe der Konfliktklärung kann nur darin bestehen, Heilungsraum für verletzte Beziehungsstrukturen zu schaffen.

3) Ob ein Konflikt mit den Möglichkeiten der Konfliktmoderation bearbeitet werden sollte/kann, hängt von der Tiefe der bestehenden Verletzungen ab.

Ohne Beziehungsverletzung kein Konflikt. Deshalb muss Konfliktklärung Heilungsraum für verletzte Beziehungsstrukturen schaffen.

Konfliktklärung – Situations- und Auftragsklärung

Es gilt herauszufinden, ob man die Aufgabe übernehmen möchte

Wurde in einer Organisation oder einem Team entschieden, zur Klärung eines bestehenden Konflikts einen Konfliktmoderator/Konfliktmediator hinzuzuziehen, wird bei diesem bald das Telefon klingeln …

Jetzt geht es darum, das Anliegen des Anrufers zu klären und herauszuarbeiten, ob es zu einer Zusammenarbeit kommen soll. Dazu ist wichtig, das Selbstverständnis zu vermitteln, mit dem man an eine Konfliktklärung herangeht. Zudem gilt es, herauszufinden, ob man diese Aufgabe übernehmen möchte. Für diesen Fall sollte man wissen, mit welchen typischen Denkfehlern und daraus resultierenden Erwartungen man rechnen muss.

Typische Denkfehler

Konflikte sind schlecht!

In China setzt sich der Begriff Konflikt aus dem Zeichen für »mögliche positive Veränderung« und dem Zeichen für »mögliche Gefahr« zusammen. Dementsprechend kann ein Konflikt sowohl als fortschrittshemmende Störung wie auch als unabdingbarer Motor und Stimulus sozialen Wandels gesehen werden. Ich finde diese chinesische »Doppeldeutigkeit« erwähnenswert, weil sie einen wichtigen Kern trifft: Jede

Krise beinhaltet Chancen, wenige oder viele, das ist ganz unterschiedlich – nie aber keine! Dies sollte man als Konfliktmoderator verinnerlicht haben. Am leichtesten gelingt einem dies, wenn man das selbst schon durchlebt und erfahren hat, wenn man selbst die eine oder andere »Konfliktschramme« abgekriegt hat.

Jeder Konflikt birgt Potenzial

Dennoch ist auch die Überzeugung wichtig, dass Konflikte nicht immer in »Harmonie« münden können oder müssen. Konfliktbearbeitung ist nicht das Streben, den Zustand wiederherzustellen, der »früher einmal« war. Vielmehr geht es darum, den Beteiligten und Betroffenen in einem ersten Schritt zu helfen anzuerkennen, was ist. In einem zweiten Schritt kann dann ein Verstehen erwachsen, wie es dazu kam, dass es ist, wie es nun einmal ist. Auf dieser Basis kann dann eine (Er)Lösung entstehen – eine Garantie gibt es dafür freilich nicht.

Hinterher ist es so, wie es einmal war!

Man sollte sich als Konfliktmoderator und freilich auch als Konfliktbeteiligter (da ist es nur ungemein schwerer) der Tiefe einer weiteren chinesischen Weisheit bewusst sein: »Du kannst nicht zweimal in denselben Fluss steigen!« Es wird niemals mehr so sein, wie es war, wie schlecht oder gut die Konfliktbearbeitung und Verarbeitung auch immer gelingen mag. Es wird danach schlechter oder besser, auf jeden Fall aber anders sein. Daraus folgt, dass es kindlich naiv, ja unredlich ist, als Konfliktmoderator als Ergebnis einer gemeinsamen Konfliktbearbeitung eine Konfliktlösung zu versprechen, die alles »heil macht«, sodass es hinterher wieder so ist, wie es »vorher einmal war«.

Konfliktbearbeitung bedeutet Konfliktlösung!

Die Anforderung an den Konfliktmoderator ist die, (bestenfalls) eine **Klärung** der Situation in Aussicht zu stellen, wohl wissend, dass er selbst diese nicht garantieren kann, da er es dazu fertigbringen muss, dass die Konfliktparteien 1. »auspacken« und 2. anerkennen, was ist, um 3. zu erkennen, wie es dazu kam, dass es jetzt ist, wie es ist, und um 4. das (Er)Finden von »Lösungen« erst zu ermöglichen. Gelingt dies, ist ein Stadium erreicht, in dem es möglich ist, darüber nachzudenken, was das nun für die gemeinsame – oder auch nicht gemeinsame – Zukunft bedeuten könnte, kann, wird ... Nur so und erst dann kann eine nachhaltige Lösung entstehen!

Eine Lösung muss »schön« sein!

Die Lösung kann auch in der Trennung liegen

Lösung muss nicht »Friede, Freude, Eierkuchen« heißen! Lösung kann auch heißen: »Wir finden keine Basis mehr für ein weiteres **Mit**einander. Das **Gegen**einander soll (oder muss) aber dennoch aufhören. Die Lösung sieht so aus, dass wir uns trennen.« In einer Organisation kann das bedeuten, dass die Organisationsstruktur verändert wird, dass jemand die Abteilung wechselt oder die Organisation verlässt.

»Möglicherweise ist eine Lösung nicht zu erreichen.«

Ein Konflikt muss analysiert werden!

Bei der Auftragsklärung ist es wichtig, nicht zu wenig zu fragen, vielleicht aus Angst, begriffsstutzig zu wirken oder als inkompetent anzukommen. Andererseits sollte man unbedingt darauf achten, nicht zu tief einzusteigen. Das birgt nämlich die Gefahr, parteiisch zu werden, indem man sich zu sehr nur in die Seite hineindenkt, mit der man das Vorgespräch führt. Zudem ist darauf zu achten, dass »der Druck im Kessel« bleibt und der Gesprächspartner nicht schon jetzt entlastet wird und dadurch im Vorfeld der Eindruck entsteht, es sei ja »bereits alles gesagt«. Beides würde die spätere Klärungsarbeit erschweren.

Vorherige Treffen vermeiden

Daher macht es in aller Regel auch keinen Sinn, vorab mit weiteren oder gar allen Beteiligten zu sprechen. Meist reicht es, mit dem für den Konflikt Verantwortlichen den Auftrag zu klären. Möchte der Auftraggeber vor/zur Auftragsvergabe ein »Kennenlern-Treffen« oder/und, dass Einzelgespräche mit allen Beteiligten geführt werden, zeugt das lediglich von seiner Unsicherheit. Er will jetzt alles richtig machen und »auf Nummer sicher« gehen. Erklärt man sich zu einem Treffen bereit, muss man wissen, welchen Preis es kosten wird! Es empfiehlt sich, ein derartiges Ansinnen aus genannten Gründen abzulehnen. Es schadet meist mehr, als es nützt.

Situationsscreening

Um eine Orientierung dafür zu bekommen, was es zu klären gilt, kann man eine Metapher nutzen, man könnte sie »Situationsscreening« oder auch Busfahrt nennen. Dabei stellt man sich vor, dass die Betroffenen im Autobus unterwegs sind, und fragt sich: »Was ist im Bus los, was sieht man im Rückspiegel, was beim Blick durch die Frontscheibe, wie sieht die Umgebung aus?«

Innenraum: Was ist denn da derzeit im Bus los? Sitzt jemand am Steuer? Fährt diese Person das Fahrzeug sicher? Hat sie das Vertrauen der Insassen? Ist das Fahrzeug ohne Steuermann, oder steuern es gleich mehrere?

Rückspiegel: Was sieht man im Rückspiegel? Ist die Vergangenheit »spurlos« an den Beteiligten vorübergegangen oder gibt es Ereignisse, die die aktuelle Situation prägen? Liegt da ein Scherbenhaufen oder verhängt aufgewirbelter Staub die Sicht?

Frontscheibe: Was sieht man, wenn man durch die Frontscheibe schaut? Worauf steuern die Insassen zu? Wo wollen sie hin? Was ist ihr Ziel? Gibt es mehrere Ziele? Was ist der Auftrag?

Umfeld: Wie ist die Umgebung beschaffen? Wie das Wetter? Wie die Fahrbahn? Mit welchen Einflüssen und Anforderungen sind die Betroffenen konfrontiert?

Fragen, mit denen man diese vier Aspekte »abscannen« kann, sind:

Frontscheibe

- Welche Aufgaben hat das Team künftig?
- Was sind die Ziele, die das Team anstrebt?
- Wird sich in absehbarer Zeit organisatorisch etwas ändern?
- Welche Ziele verfolgen Sie mit der Konfliktklärung konkret?
- Was darf keinesfalls passieren?
- Was machen Sie, wenn die Konfliktmoderation keine Besserung der Situation bringt?
- Aus welchem Grund machen Sie das nicht schon jetzt?

Innenraum

- Was ist los? Worum geht es konkret?
- Wie äußert sich der Konflikt?
- Welche Rolle spielen Sie in dem Ganzen?
- Wer ist alles involviert?
- Wie verhalten sich diese Personen in Bezug auf den Konflikt?
- Besteht Konfliktbewusstsein/Leidensdruck/Bereitschaft zur Bearbeitung?
- Welche Rolle spielen die Vorgesetzten?
- Wie wirkt sich das konkret auf die Zusammenarbeit aus?
- Sind Sie die für diesen Konflikt zuständige Führungskraft?
- Was ist Ihr Anteil daran, dass es jetzt so ist, wie es ist?

Rückspiegel

- Wie ist die Vorgeschichte?
- Wie lange arbeiten die Menschen schon zusammen?
- Wie lange geht das schon so?

- Wie hat das begonnen?
- Was haben Sie schon unternommen?

Umfeld

- Um welche Organisation handelt es sich?
- Welche Position haben Sie in der Organisation?
- Wie sieht das Organigramm aus?
- Wer sind die anderen Beteiligten und Betroffenen?
- Warum fragen Sie gerade jetzt an?
- Wie stehen die Konfliktparteien dazu, Hilfe von außen in Anspruch zu nehmen?
- Wer weiß davon, dass Sie mit mir sprechen?
- Was ist Ihr Motiv, externe Hilfe anzufordern?

Diese und alle weiteren Fragen, die dem Moderator helfen zu verstehen, wie sich die Situation vor Ort darstellt, sind wichtig. Nur so kann er entscheiden, ob er den Auftrag annehmen möchte. Aspekte, die unbedingt genauer »unter die Lupe« genommen werden müssen, sind im Folgenden skizziert:

Zu klärende Aspekte

Um entscheiden zu können, ob es Sinn macht, die Aufgabe anzunehmen, sind folgende Aspekte gründlich »abzuklopfen«:

a) **Echtheit des Anliegens:** Ist das Anliegen echt, oder soll die Erledigung einer »lästigen Angelegenheit« in Auftrag gegeben werden?

Es ist zu klären, ob Konfliktmoderation angeraten ist

b) **Verhandlung oder Klärung:** Soll ein Kompromiss gefunden werden? Ist also eine Verhandlung zu gestalten, die nicht in die Tiefe gehen muss, oder werden Konfliktklärung und Heilung der Beziehung angestrebt?

c) **»Stand der Dinge«:** Wie ist das Entwicklungsstadium des Konflikts? Ist Konfliktklärung »zu viel des Guten« und die Betroffenen sollten erst einmal versuchen, selbst zurande zu kommen? Oder ist die Sache schon so verfahren, dass eine Klärung wenig Aussicht auf Erfolg hat? Wie stellt sich der Konflikt bisher dar? Lässt sich »Konfliktverhalten« erkennen? Woran glaubt der Verantwortliche, einen Konflikt zu erkennen?

d) **Art der Konfliktaustragung:** Wie verhalten sich die Beteiligten? Wurde lauthals gestritten? Kommt es immer mal wieder zum »Ausbruch«? Oder schleicht der Konflikt eher auf leisen Sohlen daher?

e) **Historie:** Was wurde bereits unternommen? Was hat das bewirkt? Wer hat welche Erwartungen an einen weiteren Klärungsversuch? Wie ist die Bereitschaft der Betroffenen, sich noch aufeinander einzulassen?

f) **Abgrenzung des Systems:** Handelt es sich um einen Zweier- oder einen Teamkonflikt? Wer ist für die Konfliktklärung verantwortlich? Besteht der Konflikt zwischen »oben« und »unten«? Wer muss in die Konfliktklärung einbezogen werden?

Die Aspekte im Einzelnen:

a) Echtheit des Anliegens

Für den Konfliktmoderator geht es zum Zeitpunkt einer Anfrage zunächst darum, herauszufinden, ob das Anliegen »echt« ist und er eine Chance hat, sich für die Betroffenen nützlich zu machen. Dabei ist es schon beim ersten – in aller Regel telefonischen – Kontakt wichtig, Fallen zu erkennen, die es zu meiden gilt.

Vorsicht, Fallen!

Typische Fallen sind:

- **Feigenblatt:** Die geplante Veranstaltung soll als Alibi dienen, damit der Auftraggeber später sagen kann: »Wir haben alles versucht!« Ein echtes Interesse an einer Problembearbeitung besteht nicht.

- **Reparaturbetrieb:** Die Vorgesetzten sind nicht bereit, sich einzubringen. Der Moderator soll die Menschen »reparieren«, damit es nicht länger Ärger gibt.

- **Trojanisches Pferd:** Der Moderator soll »denen« vor Augen führen, dass es so nicht geht, und aufzeigen, wie es geht. Er soll als »Sprachrohr« des Managements benutzt werden.

Manche Manager und Führungskräfte wollen, aus einem mechanistischen Bild von sozialen Systemen heraus, ihre Verantwortung nicht annehmen, sondern an den Moderator, Berater, Coach ... abgeben. Erkennt man ein derartiges Ansinnen, ist man gut beraten, dies anzusprechen und im Zweifel den Auftrag erst gar nicht anzunehmen.

b) Verhandlung oder Klärung

Konfliktmanagement oder Mediation, oder wie immer man das Bemühen um Konfliktregelung auch nennen mag, geht häufig vom Bild einer Verhandlung aus, und der Arbeitsprozess wird »zukunftsorientiert« organisiert. Es geht dabei zentral darum, zwischen Person und Sache zu trennen, zwischen Position und Interesse zu unterscheiden und »sachgerechte Lösungen« zum beiderseitigen Vorteil zu finden. Ein »Waschen dreckiger Wäsche« findet (möglichst) nicht statt. Eine Rückschau ist nicht vorgesehen. Es geht darum, nach vorne zu blicken und (kreative) Lösungen zu erarbeiten. Hier ist der Punkt, an dem Verhandlung und Konfliktklärung/Konfliktmoderation sich unterscheiden. Konfliktmoderation geht davon aus, dass eine Rückschau stattfinden muss. Grundsätzlich gilt:

1. Kein stabiler Neubeginn, keine Nachhaltigkeit ohne Heilung.
2. Keine Heilung ohne Klärung.
3. Keine Klärung ohne Rückschau.

Die Wunde muss gereinigt werden, bevor sie genäht wird! Die emotionalen Kratzer und Wunden müssen angeschaut werden, damit sie losgelassen werden und dann »vernarben« können. Deshalb ist auch der direkte Weg vom Vorwurf zum Wunsch, auch als »VW-Verfahren« bekannt, in der Konfliktklärung nicht denkbar. Dieser stellt sich allzu oft als »Holzweg« heraus. Er ist nur scheinbar eine Abkürzung, weil verletzte Gefühle keine gute Basis dafür sind, sich etwas voneinander zu wünschen.

Die Wahrscheinlichkeit, dass die Konfliktbearbeitung nicht nachhaltig sein wird, die »Rückbildungsdynamik«, wie Friedrich Glasl das einmal genannt hat, ist umso größer, je direkter man eine Lösung anstrebt. Der direkte Weg erweist sich oft als »Irrweg«. Grundsätzlich gilt: In der Konfliktmoderation gibt es keinen Lift, man muss die Treppe nehmen. Aber, die Mühe lohnt sich – geklärte Beziehungen sind ein gutes, tragfähiges Fundament für Lösungen.

Ist seitens der Betroffenen keine Bereitschaft vorhanden, sich aufeinander einzulassen und darüber zu reden, wodurch es aus Sicht des Einzelnen so gekommen und geworden ist, wie es jetzt ist, soll definitiv keine »dreckige Wäsche gewaschen« werden, steht eine Konfliktklärung auf tönernen Füßen.

Grundsätzlich gilt: In der Konfliktklärung gibt es keinen Lift, man muss die Treppe nehmen.

c) »Stand der Dinge«

Um entscheiden zu können, ob eine Konfliktmoderation sinnvoll ist, ist eine Einschätzung der Eskalationsstufe (vgl. Konfliktgenese, Seite 18 f.) unverzichtbar. Da man einen Konflikt nicht sehen kann, sondern nur dessen Begleiterscheinungen, ist es zentral, sich danach zu erkundigen, woran der Auftraggeber zu erkennen glaubt, dass ein Konflikt vorhanden ist: Was ist passiert? Wie gehen die betroffenen Personen miteinander um? Was kennzeichnet diesen Konflikt? Wie schlimm ist es schon?

Haben die Konfliktparteien bereits die Stufe 3 »Hass« erreicht, und ist davon auszugehen, dass ein Sich-aufeinander-Einlassen nicht mehr gelingen kann, ist der Versuch, durch eine Konfliktmoderation zu helfen, »mit drei Fragezeichen« zu versehen.

d) Art der Konfliktaustragung

Konflikte können an Warnsignalen erkannt werden

Konflikte lassen sich, unabhängig davon, in welchem Entwicklungsstadium sich der Konflikt befindet, bezüglich ihrer Austragungsart grob in »kalte« und »heiße« Konflikte einteilen. Man könnte es mit einem Vulkan vergleichen. Solange er »schlummert«, ist er kalt. Wenn er aber »Feuer speit«, ist er heiß. In beiden Fällen handelt es sich um einen Vulkan. Der Vulkanausbruch ist leicht zu erkennen. Dass ein »schlummernder Berg« ein aktiver Vulkan ist, ist allerdings nicht so leicht zu sehen. Ähnlich verhält es sich mit Konflikten: Ein »heißer« Konflikt ist am lärmenden »Ausbruch« leicht zu erkennen. Die Beteiligten feinden sich offen an, sie beschimpfen einander oder prügeln sich sogar. Je nachdem, wie die beteiligten Personen »gestrickt« sind und was die Kultur des Hauses zulässt, wird ein Konflikt eher »heiß« oder eher »kalt« ablaufen. Ein »kalter« Konflikt ist schwieriger zu erkennen. Warnsignale können etwa sein:

- Die Parteien gehen betont höflich, aber erkennbar distanziert miteinander um.

- Nur die formal notwendigsten Informationen werden weitergegeben, und das bevorzugt per E-Mail, um den direkten Kontakt zu vermeiden oder/und sich selbst abzusichern.
- Die Parteien versuchen, ihre Position über Dritte zu stärken, indem sie Halbwahrheiten verbreiten und Gerüchte schüren.
- Argumente werden – etwa in Meetings – »unmissverständlich« vorgetragen.
- Es fällt den Menschen schwer, einander zuzuhören.
- Es wird zunehmend Energie für den Konflikt aufgewendet: Es ist wichtiger, recht zu haben, als Probleme zu lösen.
- Der Wunsch nach einem eindeutigen »Regelwerk zum Umgang miteinander« wird laut, Standards und »Teamregeln« sollen die Probleme lösen.

Wird der Konflikt so »kalt« ausgetragen, dass die Teilnehmer seine Existenz verneinen und ein Konfliktbewusstsein weitgehend fehlt, wird es schwierig, Zugang zu finden und die Themen zu bearbeiten. Nur wenn ein Mindestmaß an Problembewusstsein und Leidensdruck vorhanden ist, macht ein moderiertes (Gruppen)Gespräch Sinn.

Ziel eines Erstgesprächs ist es nicht, sofort den Sachverhalt »komplett zu durchschauen«, sondern das Gefühl zu bekommen, verstanden zu haben, worum es im Kern geht. Der Konfliktmoderator muss die Überzeugung gewinnen, dass Konfliktmoderation die richtige Intervention ist und hilfreich sein kann. Gegebenenfalls kann man sich etwas »Bedenkzeit« erbitten und in Ruhe überlegen, ob man den Auftrag übernehmen möchte. Hat man den Eindruck gewonnen, dass es Sinn macht, sich einzulassen, geht es darum, die Situation genauer zu klären.

e) Historie

Nicht in jedem Fall kann Konfliktmoderation helfen

Ein Konflikt hat immer eine Historie. Sie ist kurz oder lang oder sehr lang. In aller Regel hat man auch schon Lösungsversuche unternommen, bevor man auf einen (externen) Konfliktmoderator zugeht. Häufig wurde schon eine Kollegin bemüht, ein Kollege hinzugezogen. Aus Furcht vor der direkten Konfrontation wird immer wieder versucht, Konflikte indirekt zu lösen. Es werden Mitarbeiter räumlich getrennt, ins Nachbarteam versetzt, oder man setzt ein Projekt auf und versucht, im Kick-off-Workshop über die Formulierung von »Teamregeln« die Sache in den Griff zu bekommen. Oftmals wird eine »Teamentwicklung« initiiert, um die Dinge in Ruhe zu besprechen ... Liegt ein Konflikt vor, werden diese Ansätze nicht tief genug gehen. Nach vergeblichen Versuchen, den Konflikt zu klären, sucht man Konfliktberatung.

Wurde der Konflikt schon (mehrfach) mit professioneller Hilfe zu klären versucht, würde eine Konfliktmoderation vermutlich keinen signifikanten Unterschied machen. Es ist zu vermuten, dass eine andere Intervention als der Dialog erforderlich ist. Man kann davon ausgehen, dass es sich um ein strukturelles Problem handelt und eine Lösung nur über eine Organisationsänderung oder eine Trennung möglich sein wird.

f) Abgrenzung des Systems

Wollte man Beziehungen in der Arbeitswelt von deren Struktur her klassifizieren, so gibt es im Prinzip – frei nach Gregory Bateson (vgl. Seite 132 ff.) – zwei Arten von Beziehungen: symmetrische und komplementäre.

Eine symmetrische Beziehung liegt dann vor, wenn die handelnden Personen gleichberechtigt sind. Wenn also A mit B genauso umgehen darf wie B mit A. Das ist (auf den ersten Blick) etwa bei zwei Inhabern einer Firma gegeben, die diese gemeinsam gegründet haben und gemeinsam leiten. Auf den ersten Blick deshalb, weil trotzdem Unterschiede bestehen werden. Der eine hatte die Idee, der andere hat mitgemacht. Oder die eine hatte das Startkapital und die andere hat den ersten Kunden eingebracht usw.

Als komplementär, sich ergänzend, können wir eine Beziehung immer dann betrachten, wenn es ein Gefälle gibt, wie das klassische Über- und Unterordnungsschema in Organisationen. Kein Chef ohne Mitarbeiter – kein Mitarbeiter ohne Chef: Beide Rollen bedingen einander. Vater – Sohn, Mutter – Tochter, Lehrer – Schüler sind weitere Beispiele.

In Teams gibt es immer beide Arten von Beziehungen, und es gibt immer jemanden, der für die disziplinarischen Angelegenheiten verantwortlich ist, auch in teilautonomen oder sogenannten selbstregulierten Teams. Das führt zur Frage: Wer muss im Klärungsgespräch bzw. im Workshop eigentlich dabei sein? Für den Moderator stellt sich die Frage nach der Systemabgrenzung. Denn: Jedes Team ist ein soziales System. Es besteht aus Individuen, die auf der Basis sozialer Regeln miteinander interagieren. Wer aber gehört im Einzelfall zu diesem – jetzt durch einen Konflikt in seiner Funktionalität gestörten – System?

Meist betrifft der Konflikt nicht nur zwei Personen

Gehört die Teilzeitkraft dazu, die nur zwei halbe Tage die Woche im Team aushilft? Wie steht es um die Praktikantin, die nur einige Monate da ist? Was ist mit dem Neuen, der erst die zweite Woche dazugehört? Und wie ist es mit der Chefin, die mit der ganzen Streiterei eigentlich gar nichts zu tun hat, weil sich das ja im Grunde nur zwischen Herbert und Sabine abspielt? Ist das am Ende eh nur ein Zweierkonflikt?

Ein Zweierkonflikt wäre der Konflikt zwischen Herbert und Sabine nur dann, wenn es keine interne Instanz über den beiden gäbe, wenn also kein Dritter für die Regelung der Zusammenarbeit zuständig wäre. Das wäre dann der Fall, wenn sie gleichberechtigte Geschäftsführer ihres eigenen Unternehmens wären, wenn also (zumindest formal) eine symmetrische Beziehung zwischen den Beteiligten bestünde. Gibt es aber einen Chef, dann ist er untrennbar Teil des Systems. Auch er nimmt Einfluss und wird beeinflusst! Zudem gehören prinzipiell alle Teammitglieder dazu, die demselben Chef zugeordnet sind und Arbeitsbeziehungen zueinander pflegen. Übersehen wird nämlich leicht, dass Menschen, die in sozialen Systemen zusammenleben, auch wenn diese nicht offensichtlich »mitstreiten«, auf das Konfliktgeschehen wirken. Und dass das Konfliktgeschehen nicht spurlos an diesen Menschen und deren Leistungsfähigkeit vorübergeht. Es gilt, alle relevanten Menschen im jeweiligen sozialen System einzubeziehen, auch wenn diese (scheinbar) nur marginal davon betroffen sind.

Besteht der Konflikt auf den ersten Blick nur auf der Mitarbeiterebene, zwischen Marion und Herbert, so gehören auch der dritte Kollege und der Vorgesetzte zum Gespräch dazu (vgl. Abb. 4).

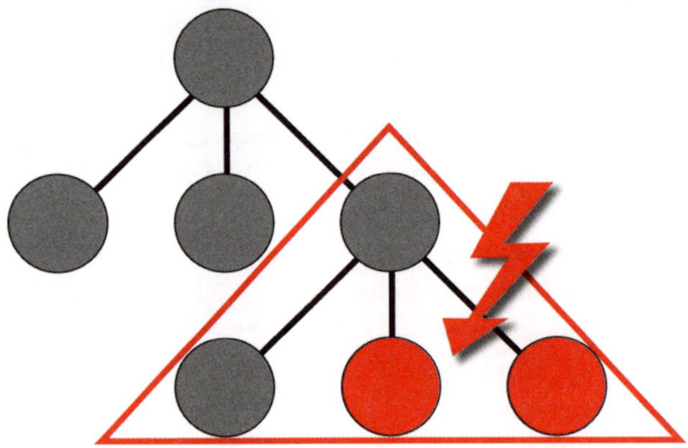

Abb. 4 – Systemabgrenzung

Der Vorgesetzte muss für optimale Bedingungen zur Zusammenarbeit sorgen und ist im Konfliktfall für die Konfliktbearbeitung zuständig. Ein Auftrag an einen Moderator bedeutet, sich einen Lotsen zur (leichteren) Bewältigung der schwierigen Wegstrecke an Bord zu holen, nicht aber das Kommando ganz abzugeben. Der Leiter des Teams ist also immer mit dabei. Lehnt er dies ab, ist eine Konfliktklärung nicht möglich.

Auch wenn ein Mitglied der betroffenen Gruppe nicht an der geplanten Maßnahme teilnimmt, ist die Veranstaltung ernsthaft infrage zu stellen. Es ist sehr sorgfältig abzuwägen, ob es Sinn ergibt, dass sich die anderen dennoch zusammensetzen.

In eine Konfliktbearbeitung müssen grundsätzlich alle »Stakeholder« einbezogen werden, sonst macht man die Rechnung ohne den Wirt!

Es müssen alle einbezogen werden.

Grundsätze der Konfliktklärung

Die sieben Grundsätze der Konfliktmoderation beachten!

Stellt sich die Situation im Erstgespräch insgesamt so dar, dass ein Konfliktdialog aufrichtig gewünscht wird und die Konstellation eine Konfliktmoderation erfordert, geht es darum, einen Kontrakt zur Gestaltung einer Klärungsklausur oder eines Klärungs-Workshops zu schließen. Dazu müssen die finanziellen und organisatorischen Details geklärt werden. Und es ist wichtig, einige Grundsätze der Konfliktklärung »klarzustellen«:

§ 1 Entscheidungsgewalt

Moderatoren/Konfliktmediatoren haben in der Konfliktklärungshilfe/Konfliktmoderation keine Entscheidungsgewalt im Hinblick auf den Streitgegenstand. Sie sind weder Schlichter noch Richter. Vielmehr geht es darum, unter Anleitung eines allparteilichen Moderators/Mediators zu klären: Was ist? Wie kam es? Und: Was soll werden?

§ 2 Vertretung

Für eine wirksame Konfliktklärung bedarf es der Einbeziehung und direkten Kommunikation aller Konfliktparteien: Es sind alle anwesend – es gibt keine Vertretung durch Dritte.

§ 3 Anwesenheitspflicht

Die Autonomie der Parteien wird durch arbeitsvertragliche Verpflichtungen beeinflusst. So kann eine Arbeitssitzung zur Besprechung der Arbeitsprozesse und -beziehungen durch Vorgesetzte einberufen werden.

§ 4 Anfang und Ende

Die Parteien bzw. der Verantwortliche bestimmen Anfang und Ende der Konfliktmoderation.

§ 5 Informell, nichtöffentlich, streng vertraulich

Die Arbeit ist eine informelle/außergerichtliche Konfliktbearbeitung – mit der Möglichkeit zur flexiblen Verfahrensgestaltung. Sie ist nichtöffentlich und streng vertraulich.

§ 6 Offenheit

Offenheit ist eine Bedingung für das Gelingen des Prozesses. Offenheit kann aber weder angeordnet noch erzwungen werden. Allein die Parteien entscheiden, wie offen sie in dem gemeinsamen Arbeitsprozess sein möchten.

§ 7 Rechtsweg

Die Möglichkeit der Parteien, den Rechtsweg zu beschreiten, wird durch die Konfliktmoderation nicht ausgeschlossen.

Konfliktklärung – Der Dialog

Ist die Situations- und Auftragsklärung abgeschlossen, wird eine Konfliktklärungs-Klausur oder ein Konfliktklärungs-Workshop vereinbart, in dem in einem geordneten Dialog die Konfliktsituation besprochen werden soll. Dieser Dialog ist eine »ent-schleunigte« Aussprache der Beteiligten und Betroffenen über ihre Situation, wie es dazu kam, wie sie vom Einzelnen erlebt wird und was werden kann …

Jeder Konfliktdialog ist einmalig, und doch muss der Ablauf für ein Konfliktgespräch nicht jedes Mal neu erfunden werden. Die Struktur der Businessmoderation, der »Moderationszyklus«, ist eine solide, bewährte Basis für die Strukturierung eines Gruppengesprächs – auch für die Konfliktklärung. Im Folgenden sind die »Six Steps« der Konfliktmoderation zur Strukturierung eines Konfliktdialogs im Detail erläutert.

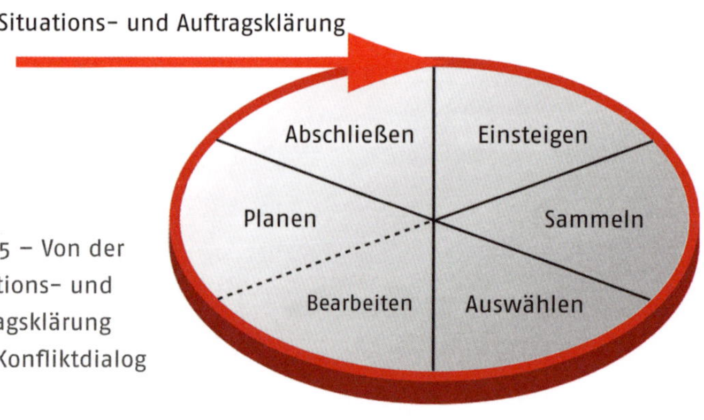

Abb. 5 – Von der Situations- und Auftragsklärung zum Konfliktdialog

Der Moderationszyklus zur Konfliktklärung

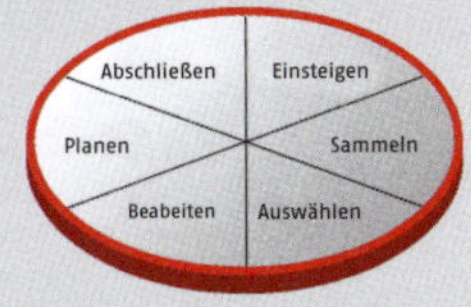

Eine Businessmoderation lässt sich klassisch in die »Six Steps« eines Moderationszyklus einteilen. Das ergibt einen einfachen, logischen und leicht nachvollziehbaren Ablauf für alle Beteiligten (vgl. Seifert 1). Dieser Ablauf kann sehr gut auf die Konfliktmoderation übertragen werden. Der komplette gemeinsame Arbeitsprozess stellt sich dann wie folgt dar:

1. Einsteigen

Beim Einstieg geht es zunächst darum, die Veranstaltung offiziell zu eröffnen, Orientierung über den Verlauf zu geben und Vertrauen zu schaffen.

2. Sammeln

Das Sammeln dient dazu, herauszufinden, worum es im Detail geht, was »anliegt«, was besprochen werden muss.

3. Auswählen

Das Auswählen oder Priorisieren der zu bearbeitenden Themen obliegt in der Konfliktmoderation dem Moderator. Er startet mit dem »heißesten Eisen«.

Die »Six Steps« können auch für die Konfliktmoderation genutzt werden

4. Bearbeiten

In dieser Phase der Konfliktbearbeitung werden nun die konfliktären Themen besprochen. Hier geht es ganz zentral um die »Hidden Feelings« (vgl. Seite 117). Wenn es einen Weg zu aufrichtiger Aussöhnung gibt, dann den, die versteckten Gefühle, die emotionalen Kratzer, Narben und Wunden nicht (weiter) zu verneinen, sondern explizit zutage zu fördern und zu besprechen. Ängste, (geheime) Wünsche, (enttäuschte) Hoffnungen ... müssen Raum bekommen und besprochen werden.

5. Planen

Nach dem Bearbeiten dessen, was an Missverständnissen, Verletzungen, Hoffnungen ... da war, ist es (vielleicht) möglich, Kontrakte zu schließen und Vereinbarungen zu formulieren.

6. Abschließen

Am Schluss geht es darum, den Prozess zu reflektieren, und um die Frage, ob noch etwas gesagt werden muss, ohne Schleifen zu drehen. Gibt es Unaufgelöstes? Drückt jemanden noch irgendwo der Schuh? Wie bewerten Sie den Prozess? Wie geht es Ihnen jetzt?

Nachsorge?

Nach der Konfliktbearbeitung sind die Konfliktparteien wieder auf sich allein gestellt. Der Moderator kann nicht mehr für die eine oder andere Partei sprechen. Er kann nicht mehr direkt unterstützen. Als »Nachsorge« sollte ein Folgetreffen oder zumindest ein Telefonat mit dem Auftraggeber vereinbart werden. Auf den folgenden Seiten sind die Moderationsschritte »klein-klein« skizziert.

Vorab: Medien, Sitzordnung & Co.

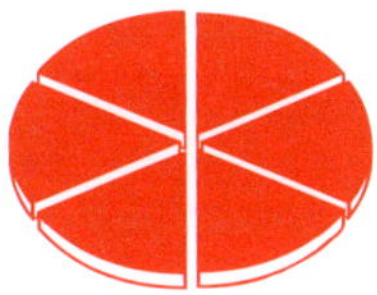

Medien:

In der Businessmoderation wird mit »Standardmedien« (vgl. Seifert 1) gearbeitet, die auch für eine Konfliktbearbeitung zur Verfügung stehen sollten: Pinnwand, Flip-Chart, Moderationsmaterial (Koffer), Papier und Stifte. Für eine Konfliktbearbeitung sollten mehr Stiftfarben vorhanden sein, als das für eine »normale« Moderation erforderlich ist: Es sollten auch »exotische« Stiftfarben, von Schwarz bis Gelb und von Lindgrün bis Rosa, verfügbar sein.

Sitzordnung:

Die Sitzordnung der Businessmoderation ist der offene Stuhlkreis. Für die Konfliktklärung gelten ergänzend einige zusätzliche Regeln:

A) Prinzipiell

Prinzipiell gilt, dass der Moderator (M) wie alle anderen im Kreis sitzt und in Schritt 4 (Bearbeiten) darauf achtet, möglichst die gleiche Entfernung zu den jeweiligen Kontrahenten (A/B) zu halten. Einerseits geht es hierbei darum, den Eindruck der Parteilichkeit zu vermeiden, und andererseits machen Nähe und Distanz emotional einen Unterschied, der nicht entstehen soll. Dies gilt auch für die Bearbeitung eines Konflikts, an dem nur zwei Personen beteiligt sind!

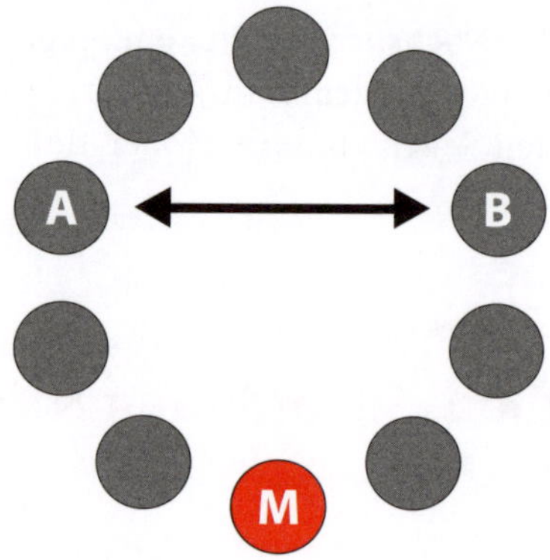

Abb. 6 – Sitzordnung »normal«

B) In großen Gruppen

Hier kann es sinnvoll sein, in Schritt 4 die »Fishbowl«-Sitzordnung zu wählen, um ausreichend Nähe für einen dichten Konfliktdialog herzustellen. Das ist aber nur bei Gruppen mit mehr als 12 Teilnehmern erforderlich. Der Nachteil dabei ist, dass die restliche Gruppe ausgeklammert wird und sich der Einzelne im Außenkreis schlechter zu Wort melden kann.

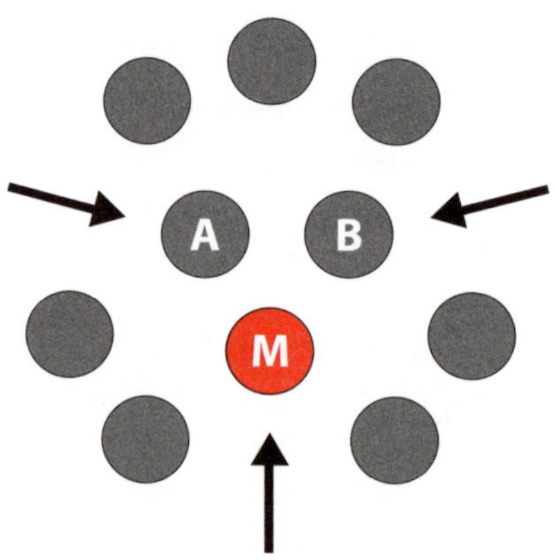

Abb. 7 – Sitzordnung »Fishbowl«

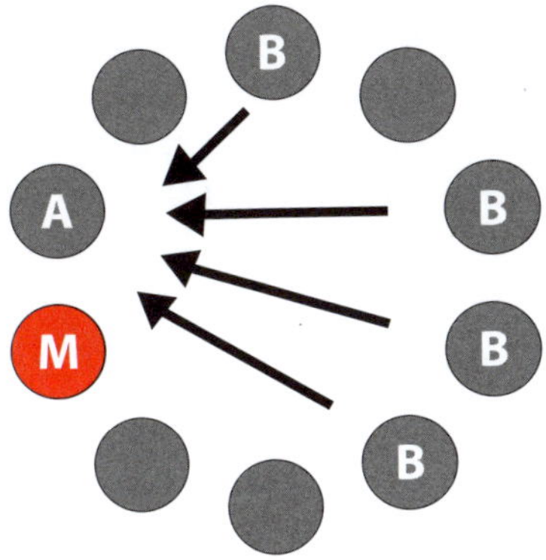

Abb. 8 – Sitzordnung »Sündenbock«

C) Sündenbock

Steht von vornherein fest, dass jemand im Team der »Sündenbock« sein wird, ist es sinnvoll, dieser Person emotionale Unterstützung zu geben. Der Moderator setzt sich in diesem Fall bewusst neben den Betreffenden. Dieser wird vermutlich vielen Vorwürfen ausgesetzt sein und soll nicht das Gefühl haben, »ganz allein dazustehen«.

1. Schritt: Einsteigen

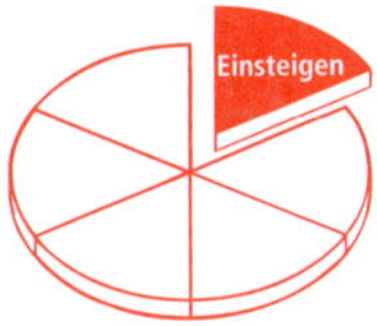

Die erste Phase einer Konfliktmoderation ist mehr als die Anfangsphase einer »gewöhnlichen« Moderation gekennzeichnet durch Abwarten und Vorsicht, durch Anspannung und Unsicherheit. »Was ist hier vorbereitet? Und wieso gerade das? Und wieso gerade so?«, »Welchen Eindruck macht der Moderator auf mich?«, »Kann ich (mich), dem/der (anver)trauen?«, »Wie soll das hier wohl ablaufen?«, »Werden alle dabei sein?«, »Was kommt da auf mich zu?«, »Hoffentlich geht das gut aus!« ... sind Fragen, die im Raum stehen.

Im Einstieg muss Vertrauen aufgebaut werden

Viele haben auch schon an Veranstaltungen mit einem Titel, wie »Teamentwicklung« oder »Konfliktlösung«, teilgenommen und mehr oder weniger gute Erfahrungen damit gemacht. Der eine oder andere hat Angst vor »Psychotests« und »psychologischen Spielchen« ... Deshalb ist es jetzt wichtig, Orientierung zu geben und Vertrauen aufzubauen. Dazu muss der Moderator die Teilnehmer situationsangemessen »abholen« und auf die Veranstaltung einstimmen.

Die Eröffnung der Veranstaltung obliegt dem Einladenden. In aller Regel wird das der Teamchef sein und in einem Zweierkonflikt der Initiator der Klausur. Es geht dabei nicht darum, viele Worte zu machen, das Vorhaben zu rechtfertigen oder schönzureden, sondern um eine kurze, knappe, offizielle Eröffnung und Stabübergabe an den Moderator. Diese sollte drei Aspekte beinhalten:

- Wie kam es zu diesem Treffen?
- Worum geht es in dieser Zusammenkunft, was ist das Ziel?
- Wer ist der Moderator? Wozu ist er da? Und wieso wurde gerade er um Unterstützung gebeten?

Dazu sagt der Einladende etwas, wie: »Willkommen zu unserem Workshop. Wir haben uns heute hier zu einer Standortbestimmung getroffen. Wir wollen unsere Zusammenarbeit reflektieren und gemeinsam Wege zur Optimierung erarbeiten. Herr Seifert wird uns hierbei als Moderator unterstützen. Ich kenne ihn von einer Ausbildung, die ich schon vor einiger Zeit bei ihm absolviert habe. Ich hab ihn angefragt, er hat zugesagt, und ich übergebe hiermit das Wort an ihn – bitte sehr.«

Danach stellt sich der Moderator vor und führt anhand der im Folgenden skizzierten Punkte in den Workshop ein:

Begrüßung

Wenig geeignet sind Redewendungen, wie: »Schön, dass …« oder »Ich freue mich …« Die Anwesenden finden vermutlich weder die Tatsache »schön«, dass sie jetzt hier sitzen, noch freuen sie sich auf das, was jetzt auf sie zukommen mag. Es reicht ein schlichtes: »Guten Tag!«

Vorstellung

Die Vorstellung sollte kurz und knapp sein. Als Grundregel gilt: Je kälter das Klima, desto persönlicher die eigene Vorstellung! Etwa so: »Ich bin Josef Seifert. Ich arbeite seit über zwei Jahrzehnten als Moderator und Mediator und unterstütze Teams bei der Bewältigung schwieriger Zusammenarbeitssituationen.« Vielleicht auch etwas Persönliches: »Ich bin Josef Seifert. Ich komme aus Bayern, ich habe zwei erwachsene Kinder, die in meinem Team mitarbeiten … Ich arbeite seit über 20 Jahren als Moderator …«

Historie

Die Teilnehmer müssen wissen, wieso gerade dieser Moderator hier ist und kein anderer: »Ich wurde von Herrn Müller gebeten, diesen Workshop mit Ihnen zu gestalten. Er sagte mir, es geht um eine Standortbestimmung und darum, Möglichkeiten zur Optimierung der Zusammenarbeit zu erörtern.«

Wissensstand

Jeder muss darüber informiert sein, was der Moderator bereits weiß, und – das ist fast noch wichtiger – dass er noch nicht alles weiß: »Ich weiß aus unserem Vorgespräch, dass Sie in dieser Konstellation seit beinahe zwei Jahren zusammenarbeiten. Sie sind das Managementteam von ›Sales‹ und für die Verkaufsaktivitäten des Hauses verantwortlich.«

Beziehungen

Die Teilnehmer müssen erfahren, wenn der Moderator jemanden aus dem Team schon kennt. Die Beziehungen zu den Einzelnen müssen offengelegt werden, um den Eindruck der Parteilichkeit zu vermeiden! »Ich kenne Sie, Herr Müller, schon länger. Sie haben es ja schon erwähnt, Sie haben vor einigen Jahren eine Ausbildung bei mir besucht. Sonst kenne ich niemanden von Ihnen. Die Organisation ist mir vertraut, da ich schon länger für Ihr Haus ...«

Vorstellung

Unverzichtbar ist in dieser Phase eine kurze Vorstellungsrunde. Dabei geht es nicht darum, einander kennenzulernen, sondern darum, Orientierung zu bekommen. Dazu bittet der Konfliktmoderator die Teilnehmer, sich kurz vorzustellen: »Wenn Sie bitte kurz sagen, wer Sie sind, welche Aufgabe Sie wahrnehmen und wie lange Sie schon zum Team gehören.«

Regeln

Regeln geben Struktur

Rolle klären: Um dem Einzelnen Orientierung bezüglich des Ablaufs und der eigenen Rolle zu geben sowie Widerstand zu minimieren und Vertrauen aufzubauen, sollte am Anfang klar sein, wie der Workshop ablaufen soll. Dazu erläutert der Moderator kurz sein Selbstverständnis, etwa so: »Ich bin Moderator, ich bin kein Fachexperte auf Ihrem Gebiet. Ich bin dazu da, den Arbeitsprozess zu gestalten und Sie methodisch zu unterstützen. Ich schlage Ihnen konkrete Arbeitsschritte vor und begleite Sie. Ich bin dabei allparteilich. Ich bin niemandem verpflichtet, sondern für jeden von Ihnen gleichermaßen da.«

Befürchtungen klären: In dieser Phase ist es auch wichtig, »die Fronten zu klären«, das heißt, verborgene Widerstände kennenzulernen und – so weit möglich – abzubauen. Hierzu kann der Konfliktmoderator folgende Fragen stellen:

- »Wie fühlen Sie sich momentan in dieser Situation?«
- »Wie stehen Sie zu diesem Workshop?«
- »Vervollständigen Sie doch bitte den Satz: ›Dieser Workshop hat sich für uns (schon) gelohnt, wenn ...‹«
- »Gibt es Bedingungen, die Sie haben, um sich auf diesen Prozess einlassen zu können?«

Wichtig ist, dass jeder Teilnehmer die gestellten Fragen beantwortet. Die Frage nach möglichen »Bedingungen« gibt dem Moderator die Gelegenheit, vorhandene Ängste und Erwartungen in Erfahrung zu bringen und ggf. zu bearbeiten. Äußert ein Teilnehmer unrealistische Erwartungen, wie etwa, dass keine »Vergangenheitsbewältigung« stattfinden sollte oder keine »dreckige Wäsche gewaschen« werden darf, so kann der Moderator direkt reagieren und offen sagen, dass es hier genau darum geht, anzuschauen, was war und wie es kam, dass es ist, wie es ist ...

Persönlich versus privat: Hat ein Teilnehmer die Befürchtung, dass es »zu persönlich« werden könnte, kann die Unterscheidung zwischen persönlich und privat hilfreich sein.

Persönlich: Es ist wichtig, dass die ganz persönliche, subjektive Sicht jedes Einzelnen auf das Miteinander im Team Platz findet, ernst genommen und berücksichtigt wird.

Privat: Die privaten Belange des Einzelnen, wie etwa seine familiäre Situation, seine Hobbys, Vorlieben und Neigungen, stehen hier nicht zur Debatte. Die einzige Ausnahme ist gegeben, wenn das Private die Zusammenarbeit berührt und das Miteinander beeinträchtigt.

Störungen haben Vorrang: Diese äußerst hilfreiche Regel zur »themenzentrierten Interaktion« (vgl. Cohn) muss am Anfang vorgeschlagen, erläutert und vereinbart werden. Das bedeutet, dass der Moderator beispielsweise sagen muss, dass die Arbeit ruht, sobald jemand den Raum verlässt, und dass dieser »Jemand« verpflichtet ist mitzuteilen, warum er den Raum verlässt und wann er zurück sein wird. Dies ist zur »Berechenbarkeit der Situation« sowohl für den Moderator als auch für die anderen Beteiligten erforderlich.

Schweigepflicht: Die Frage nach der vertraulichen Behandlung dessen, was gesagt werden wird, steht selbstverständlich immer im Raum. Daher muss dieses Thema kurz angesprochen werden. Dazu kann der Moderator etwas sagen, wie: »Was hier gesagt wird, werde ich an niemanden weitergeben. Ich gehe davon aus, dass das auch für Sie gilt.«

Zeiten

Wie in jedem Workshop ist es auch in einer Konfliktmoderation unerlässlich, den Zeitplan abzusichern. Da weder Verlauf noch Dauer einer Konfliktklärung exakt geplant werden können, ist es wünschenswert, dass es eine offene Endzeit gibt, ein »Open End«. Nur so kann ein wenig kürzer oder auch etwas länger gearbeitet werden – ganz, wie es die Situation erfordert.

Ablauf

Der Moderator skizziert kurz den Ablauf. Dazu kann er – eventuell mit Unterstützung eines Flip-Charts – kurz die Schritte des Moderationszyklus benennen, sodass jedem Anwesenden grob klar ist, wie die Struktur der gemeinsamen Arbeit aussehen wird.

Überleitung

Zur Überleitung in die inhaltliche Arbeit muss ein deutlicher »Schnitt« kommen. Diese Zäsur ist leicht zu erreichen, indem der Moderator einen stummen Blick in die Runde wirft und dann die Teilnehmer einfach fragt: »So, können wir jetzt starten?« Er holt sich dann von jedem Teilnehmer per Blickkontakt dessen Okay ab und schließt dadurch mit jedem einen Kontrakt darüber, dass alles Besprochene für ihn in Ordnung geht und er »startklar« ist.

»Können wir dann starten?«

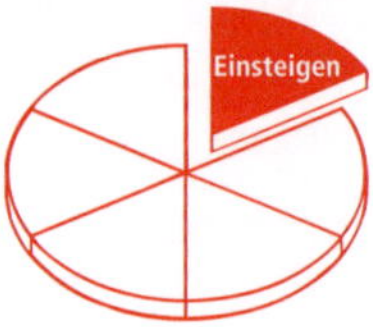

Auf den Punkt gebracht

Einsteigen

- Eröffnung des Workshops durch den für die Konfliktklärung Verantwortlichen
- »Stabübergabe« an den Konfliktmoderator
- Vorstellung Moderator, Vorstellung/Erläuterung der Rolle: Aufgaben, Sinn & Zweck, Ziel …
- Vorstellung & Vorgehen (sehr grob)
- Historie: Wie kam es zu diesem Auftrag …
- Bezüge zu einzelnen Personen: Mit wem hatte ich im Vorfeld schon Kontakt? Ggf.: Wen kenne ich, woher …?
- Vorstellung der Teilnehmer: Name, Funktion, Zugehörigkeitsdauer, Einstellung zur Konfliktklärung
- Gibt es Bedingungen? Ggf. »Minikontrakte« zu geäußerten Bedingungen
- Störungen haben Vorrang!
- Organisatorischer Rahmen: Zeiten, Pausen …
- Sonst noch was?

Die Eröffnungs-Visualisierung kann zum Beispiel so aussehen:

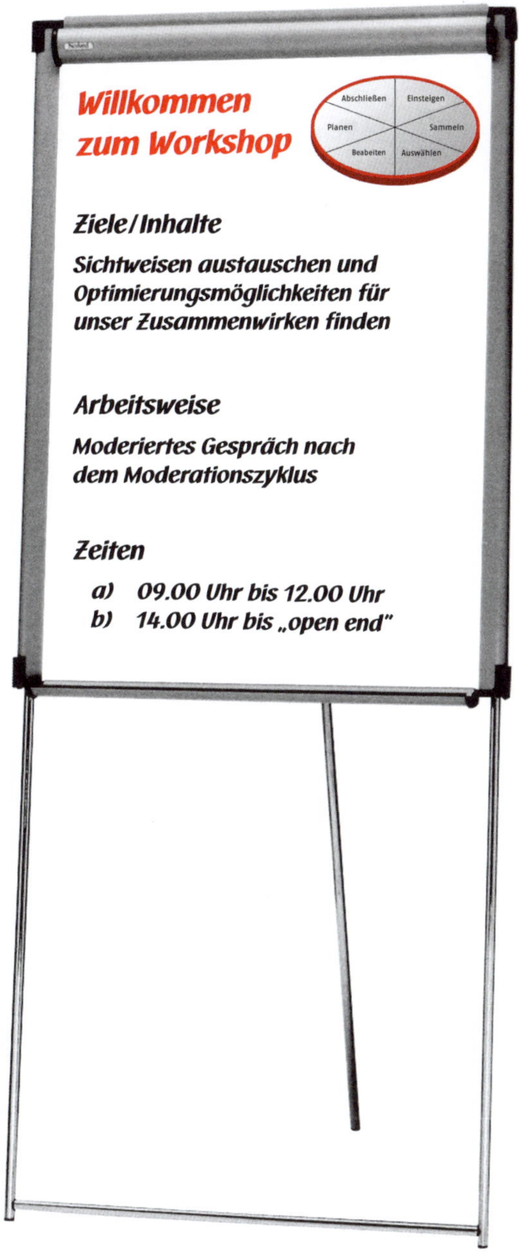

Abb. 9 – Einstiegsflip

2. Schritt: Sammeln

Nach dem Einstieg beginnt die inhaltliche Arbeit. Zunächst geht es darum zu klären, was es zu besprechen gilt. Auf einer abstrakten, noch recht unkonkreten Ebene ist das natürlich längst klar, aber nicht im Detail, nicht genau.

Bei der Konfliktklärung kommen dazu nicht die klassischen Sammelmethoden »Abfrage mit Karten« oder »Abfrage auf Zuruf« (vgl. Seifert 1) zum Einsatz, sondern »analoge Methoden«, die es ermöglichen, näher an die Konfliktursachen heranzukommen. Man muss in dieser speziellen Situation einen Zugang wählen, der – auch und vor allem – das Benennen (oder spätere Erschließen) von Gefühlen ermöglicht, der emotional tiefer geht als die »normalen« Moderationsmethoden. Hierzu eignen sich besonders Techniken wie:

- Teamskizze und Wetterkarte
- Kratzer, Narben, Wunden
- Wunschliste

Das Sammeln fragt, was es zu besprechen gilt

Durch eines dieser Verfahren (dazu gibt es freilich Alternativen, wie etwa das Anfertigen einer Collage oder ein »stilles Schreibgespräch«) entsteht die Datenbasis, mit der dann im Hier und Jetzt gearbeitet werden kann. Dabei geht es zunächst darum, die subjektive Sichtweise jedes einzelnen Gruppenmitglieds kennenzulernen. Der Moderator muss erfahren, wie jeder Einzelne seine Situation im Team und die Gesamtsituation der Gruppe sieht; ganz so, wie die subjektive Wahrheit eben aussieht – möglichst »ungeschminkt« und aufrichtig.

Teamskizze

Das Zeichnen einer Teamskizze ist eine einfache Technik, mit der man relativ leicht eine gute Ausgangsbasis zur Klärung des Konflikts schaffen kann.

Die Teilnehmer werden gebeten, die Teamsituation so auf ein Blatt Papier zu malen, wie sie sie erleben, und ihre Skizze dann dem Moderator zu erläutern, damit der versteht, was da im Team »los ist«, und zwar aus Sicht des jeweiligen Zeichners. Dies hilft dem Zeichnenden, die Situation des Teams und die eigene Rolle zu reflektieren, und ermöglicht dem Moderator ein erstes Verstehen.

Daneben stellen sich freilich auch beabsichtigte erste »Aha-Erlebnisse« bei den Beteiligten ein, wenn der Zeichner seine Darstellung erläutert. Denn in aller Regel wissen die Teilnehmer gar nicht, wie der jeweils andere die ganze Sache sieht.

Zum Vorgehen: Man leitet dieses »Bilder malen« am besten ein, indem man sagt, dass man jetzt mit einer etwas exotischen oder ungewöhnlichen Moderationsmethode einsteigen möchte, die dazu dient, ein möglichst klares Bild von der Situation zu bekommen. Die Anmoderation dieser Phase könnte in etwa so lauten:

»O.k., dann beginnen wir jetzt mit der inhaltlichen Arbeit. Dazu ist es zunächst erforderlich, dass ich verstehe, wie jeder Einzelne von Ihnen die Situation sieht. Bitte nehmen Sie sich ein Flip-Chart-Blatt und Stifte, und zeichnen Sie ein Bild von der Situation, so wie Sie sie sehen – ganz subjektiv und unvollkommen. Wichtig ist einzig, dass Sie mir dann anhand dieses Bildes erläutern können, wie Sie die Situation sehen, und dass ich eine Chance habe, Ihre ganz persönliche Sicht der Dinge zu verstehen …«

Dann zeichnen die Teilnehmer erst einmal – jeder für sich – 15 bis 20 Minuten lang ihre Sicht der Dinge auf ein Flip-Chart-Blatt. Danach lässt sich der Moderator im Plenum die Bilder, eines nach dem anderen, erklären.

Die Regeln dazu sind:

- Der Dienstälteste ist als Letzter dran – der Dienstjüngste beginnt.
  Derjenige, der die kürzeste Zeit dabei ist, hat noch den ungetrübtesten Blick. Er ist noch nicht so tief in das Beziehungsgeflecht des Teams eingewoben und kann am »neutralsten« schildern, wie das Team auf jemanden »von außen« wirkt. Zudem kann er sagen, wie er sich aufgenommen fühlt …

Die Reihenfolge ist nicht beliebig

- Falls es einen »Sündenbock« gibt, so ist dieser als Letzter an der Reihe.
  Wenn von vornherein feststeht, wer »an allem schuld« ist, bietet es sich an, erst alle anderen Teilnehmer ihre Sicht der Dinge schildern zu lassen. Würde der Sündenbock zuerst seine Sichtweise darlegen, würde das nur unnötig »Öl ins Feuer« derjenigen gießen, die danach kämen und auf die erste Schilderung »antworten« könnten …

- Der Chef kommt ganz zum Schluss.
  Vorgesetzte haben immer eine herausgehobene Position. Ihre Meinung hat besonderes Gewicht und »tangiert« die anderen Teammitglieder in besonderem Maße. Die Ausführungen des Vorgesetzten werden daher möglicherweise zum Maßstab, und die darauf folgenden Ausführungen richten sich nach dem »Gesetz der sozialen Erwünschtheit«. Kommt der Vorgesetzte als Letzter an die Reihe, so kann sich niemand mehr an seinen Aussagen orientieren.

Lassen Sie sich als Moderator die Darstellungen zeigen und erklären. Versuchen Sie zu verstehen: Nähe und Distanz, Über- und Unterordnung, Farben und Symbole … Nichts wurde »zufällig« so und nicht anders aufgemalt!

Kommen alle in dem Bild vor? Wer nicht? Aus welchem Grund? Wer ist wo platziert? Wieso ausgerechnet dort und so? Und so weiter und so fort …

Machen Sie sich unbedingt Notizen zu dem, was Sie jetzt erfahren. Aus diesen Notizen entsteht im nächsten Schritt eine »Agenda« (vgl. Seite 69). Diese dient dann als Basis für die weitere, vertiefende Bearbeitung des Konflikts.

Wetterkarte

Eine Variante der Teamskizze ist, die Teilnehmer zu bitten, ihre persönliche »Wetterkarte« zu zeichnen. Der Unterschied zur Teamskizze wird bei der Anmoderation deutlich. Der Moderator fragt:

»Wie war das Wetter bei Ihnen in der letzten Zeit? (Wenn es einen relevanten Zeitraum gibt, sollte man diesen nennen.) Warm? Heiß? Kalt? Frostig? Wechselhaft? War es nebelig oder sonnig, hell oder dunkel? Gab es Gewitter? Blitze? Hagel? Wann hat es umgeschlagen? Und wie? Wie ist es jetzt? …«

Jeder hat dann 15 bis 20 Minuten Zeit, seine ganz persönliche Wetterkarte auf ein Flip-Chart-Blatt zu malen. Danach folgt wieder das »Erklären lassen« – einer nach dem andern, wie bei der Teamskizze. Der Moderator macht sich Notizen für die »Agenda«.

Kratzer, Narben und Wunden

Eine gute Alternative zum Zeichnen ist eine Kartenabfrage, allerdings nicht im klassischen Sinne (vgl. Seifert 1), sondern in einer speziellen Form – man könnte sie »Ampelabfrage« nennen. Hierzu bittet der Moderator die Beteiligten, auf unterschiedlich farbigen Karten die seelischen »Kratzer«, »Narben« und »Wunden« zu benennen, die sie in der Zeit der Zusammenarbeit erfahren haben und die bis dato ungeklärt geblieben sind.

Die Farbe der Karte hat eine Bedeutung

Etwas auf eine grüne Karte zu schreiben, bedeutet, dass es sich bei dem Benannten um einen Kratzer handelt: Da ist etwas, das einen mal am Verhalten eines anderen geärgert hat, aber keine »größeren Beziehungsschäden« hinterlassen hat.

Etwas auf eine gelbe Karte zu schreiben, bedeutet, dass es hier um eine »größere Sache« geht, die allerdings bereits vernarbt ist: Man lebt damit, kann es aber doch nicht loslassen.

Etwas auf eine rote Karte zu schreiben, bedeutet dann, dass diese Sache aktuell »blutet«, dass es eine offene Wunde gibt, die versorgt werden muss: Da ist etwas akut, das gesagt und besprochen werden muss.

Die Anmoderation dieser Phase könnte in etwa folgendermaßen lauten:

»Gut, dann tragen wir jetzt erst einmal zusammen, was besprochen werden soll. Bitte überlegen Sie, was Sie nicht wieder mitnehmen möchten, sondern hier (vielleicht endlich) geklärt werden soll. Notieren Sie dazu auf den grünen Karten …, auf den gelben Karten … und auf den roten Karten … Ihre Nennungen müssen nicht allgemeinverständlich sein. Die Karten dienen Ihnen später als Gedächtnisstütze, um zu erläutern, was Ihnen da am Herzen oder auf der Seele liegt …«

Nun schreiben die Teilnehmer erst einmal – jeder für sich – 10 bis 15 Minuten lang ihre Themen auf die Karten. Dann werden die Karten, wie bereits beschrieben, gemäß Dienstalter und Rang »von unten nach oben« vorgestellt: Erst der Dienstjüngste ... der Chef zum Schluss. Jeder Schreiber erläutert seine Karten der Reihe nach – erst die Kratzer, dann die Narben und dann die Wunden. Es geht jetzt wieder ausschließlich darum, die subjektiven Sichtweisen und Anliegen zu verstehen. Die Inhalte der erklärten Karten werden zur späteren Bearbeitung in der Agenda »geparkt«.

Wünsche wünschen

Das »Wünsche wünschen« (in Anlehnung an das »Rollen verhandeln« nach Harrison) ist eine indirekte Methode, bei der man Kritik lösungsorientiert formuliert. Das ist gleichermaßen eine Stärke und eine Schwäche dieser Methode.

Die Stärke dieser Moderationstechnik liegt darin, dass es meist leichter fällt, sich etwas von seinen Arbeitskollegen zu wünschen, als im großen Kreis Kritik zu äußern oder gar persönliche Verletzungen darzulegen. Ein offenes Gespräch über die Arbeitsbeziehungen zueinander ist so relativ leicht zu initiieren.

Der Nachteil ergibt sich daraus, dass eine direkte, zukunftsorientierte Betrachtungsweise – ohne den Blick zurück zu den Wurzeln des Übels – wenig Kraft hat. Versöhnung wird nicht möglich, da die Verletzung nicht geklärt wird. Es wird sozusagen frische Farbe über den Rost gestrichen, sodass es für den Moment wieder schön aussieht. Es wird – um im Bild zu bleiben – weder der Rost entfernt noch die Ursache für den Rost erkannt und beseitigt. Die »VW-Methode«, vom »Vorwurf direkt zum Wunsch« (vgl. Seite 31), die hier zum Einsatz kommt, greift für eine gründliche Konfliktbearbeitung zu kurz. Es ist bei dieser Methode deshalb besonders wichtig, bei der Vorstellung der Wünsche gründlich nachzufragen, um den erforderlichen Tiefgang zu erreichen.

Wünsche wünschen bleibt eher an der Oberfläche

Zur Moderation: Der Moderator bereitet ein Flip-Chart mit der Überschrift »Meine Wunschliste« vor, auf dem drei Satzanfänge stehen, die von jedem Gruppenmitglied für jedes der anderen Gruppenmitglieder zu vervollständigen sind:

Ich wünsche mir von Ihnen, dass Sie künftig …

- weiter so wie bisher …
- mehr als bisher …
- weniger oder gar nicht mehr …

Der direkte Weg wäre nun, den Empfänger zu fragen, ob er sich in der Lage sieht und willens ist, den entsprechenden Wunsch zu erfüllen, und ggf. einen Kontrakt darüber herzustellen. In der Konfliktmoderation ist es aber zentral, die Wünsche nicht sofort zu hinterfragen oder gar zu »verhandeln«, sondern sie für die spätere Bearbeitung in der Stoffsammlung zu notieren. Der Austausch über die persönlichen Wunschzettel dient daher nicht dem Erarbeiten von Kontrakten, sondern – wie die anderen Sammelmethoden auch – ausschließlich dem Sichten und Zusammentragen dessen, was es später in Ruhe zu besprechen gilt. Der Autor des jeweiligen Wunsches entscheidet, was in die Agenda (vgl. Seite 69) aufgenommen wird.

Wann welche Methode?

Bleibt die Frage: Wann nehme ich welche Methode? Wenn die emotionalen Wellen hochschlagen, werden die Leute gerne und viel erzählen. Eine Skizze ist dann ein probates Mittel zur Entschleunigung und Strukturierung der Klärungsarbeit. Haben die Teilnehmer jedoch Angst, zu viel zu sagen und dadurch möglicherweise in Ungnade zu fallen und ihren Arbeitsplatz zu gefährden, werden sie sich mit ihrer »freien Rede« zurückhalten. In diesem Fall ist es für die Teammitglieder leichter, sich vom anderen etwas zu wünschen.

Grundsätzlich kann man sagen: Je größer der Leidensdruck und je offener und unverblümter die Vorwürfe (vgl. Kennzeichen, Seite 25 f.), desto eher wird die »Teamskizze« greifen. Je größer die Angst, sich durch (allzu viel) Offenheit »in die Nesseln zu setzen«, desto ergiebiger wird das »Wünsche wünschen« sein.

Sachthemen

Werden beim Sammeln Sachthemen benannt, so werden diese am besten separat notiert. Bleibt Zeit zur Bearbeitung, werden diese am Schluss der Konfliktklärung aufgegriffen (vgl. Seite 107 ff.). Steht keine Zeit zur Bearbeitung mehr zur Verfügung, wird die Bearbeitung dieser Themen zumindest noch geplant. Es bleiben keine offenen Enden!

Auf den Punkt gebracht

Sammeln

Schritt 1: Visualisieren

Teamskizze

- Blätter und Stifte bereitlegen
- Anweisung geben: Meine Sicht der Dinge ... So erlebe ich unser Miteinander ...
- Zeit: 15 bis 20 Minuten

Wetterkarte

- Blätter und Stifte bereitlegen
- Anweisung geben: Meine Wetterkarte seit ...
- Zeit: 15 bis 20 Minuten

Kratzer-Narben-Wunden-Karten

- Karten und Stifte bereitlegen
- Anweisung geben: Bitte notieren Sie ...
- Zeit: 15 Minuten

Wünsche wünschen

- Blätter und Stifte bereitlegen
- Anweisung geben: Weiter so wie bisher, mehr als bisher, weniger oder gar nicht mehr ...
- Zeit: 15 bis 20 Minuten

Schritt 2: Erklären lassen

- Hierarchisch vor lateral, die »Neuen« vor den »Alten«
- Einleiten, aktiv zuhören, nachfragen
- Notizen machen, Schlüsselbegriffe merken/notieren; Sachthemen notieren
- Zeit: 10 bis 15 Minuten pro Person

Eine Visualisierung kann zum Beispiel so aussehen:

Abb. 10 – Wetterkarte

3. Schritt: Auswählen

Sind die Themen zusammengetragen, die besprochen werden müssen, so muss jetzt die Reihenfolge festgelegt werden, in der die Themen bearbeitet werden. Es gilt, die Themen auszuwählen, die vorrangig bearbeitet werden sollen. Anders als in der Businessmoderation üblich, entscheidet in der Konfliktklärung nicht die Gruppe per »Mehrpunktabfrage«, was höchste Priorität hat, sondern der Moderator legt die Bearbeitungsreihenfolge fest. Dadurch wird vermieden, dass die Gruppe dem Konflikt (weiter) ausweicht, indem sie den Themen hohe Priorität gibt, die am wenigsten konfliktbehaftet sind.

Die Themen sollten klassifiziert werden

Zur Methodik: Der Moderator erstellt eine »System- oder Situationsskizze« als »Agenda«. Diese Darstellung zeigt in einer Gesamtschau, was der Moderator gehört und verstanden hat. Dazu wird an einer Pinnwand (oder am Flip-Chart) ein Kreis aufgezeichnet. Dann werden alle Namen angeschrieben. In Schritt 3 werden die Kernaussagen, die sich der Moderator beim »Sammeln« notiert hat, in die Darstellung eingetragen. Dabei geht es darum, die Kernaussagen zu visualisieren, die Konflikte widerspiegeln. Das Wichtigste sind Aussagen, die das Miteinander betreffen. Die zu visualisierenden Themen werden in die folgenden drei Kategorien eingeteilt:

A) Aussagen, die **das Miteinander,** das Zwischenmenschliche betreffen: Was hat A zu B gesagt? Was macht C »immer« mit D? Wie geht E mit F um?

B) Aussagen, die **eine Person** über sich macht: »Ich fühle mich im Team …«, »Für mich ist es schwer, diesen fachlichen Erwartungen zu entsprechen.« Diese Aussagen beziehen sich nicht direkt auf einen anderen im Team.

C) Aussagen, die **»reine Sachthemen«** sind, wie die Moderation der Teammeetings oder die Beschaffung einer neuen Software.

Die **»A-Aussagen«** werden in der Agenda auf einen Pfeil geschrieben, der von der Person, die die Aussage gemacht hat, zu der Person zeigt, auf die sich die Aussage bezieht.

Die **»B-Aussagen«** stehen direkt bei der Person und werden nicht mit einem Pfeil gekennzeichnet; sie beziehen sich ja auf niemanden als auf den Sprecher selbst.

Die **»C-Aussagen«** werden separat notiert, am besten am Blattrand oder – noch besser – auf einem eigenen Blatt.

Die Erstellung dieser Übersicht bedarf etwas Zeit. Dazu kann man gut eine kurze Pause nutzen. Für diese erste und jede weitere Pause ist es wichtig, die Teilnehmer zu bitten, während der Pause nicht weiter über die Themen zu diskutieren, die gerade angesprochen wurden und noch zu vertiefen sind. Die Vertiefung soll im Plenum mit allen Teilnehmern geschehen. Alle sollen alles mitkriegen, was zum Thema gesagt wird, und sich gegebenenfalls einbringen können.

- Akut vor chronisch
  Wenn es kurz vor dem Workshop einen »Vorfall« gab, der bei(m) Einzelnen noch ganz frisch im Gedächtnis und im Gefühl ist, dann ist dort die Energie der Betroffenen. Wenn eine Sache hingegen schon länger her ist, dann ist die »Lava schon erkaltet«, und eine zeitnahe Bearbeitung ist ohnehin nicht mehr möglich. Während man alte Ereignisse erst wiederentdecken muss, ist der Ärger über aktuelle Vorkommnisse kaum zurückzuhalten. Es gilt, diese Energie zu nutzen und die »Ausgrabungen« der Ereignisse vergangener Zeiten zurückzustellen.

- Sozial vor individuell
  In der Moderation einer Konfliktklärung geht es um das Miteinander, um das Zusammenwirken. Individuelle »Befindlichkeiten« sind daher nur dann relevant, wenn diese den Umgang miteinander erschweren oder Mitursache für den

bestehenden Konflikt sind. »Tiefer« gehende, individuelle Sorgen gehören in den Privatbereich des entsprechenden Teammitglieds und sind nicht Gegenstand der Konfliktklärung. Im beruflichen Kontext könnten diese Themen gegebenenfalls Inhalte eines Coachings sein. So könnte etwa der Teamverantwortliche im Nachgang ein Konflikt-Coaching zur Stabilisierung und Nachhaltigkeit wünschen/erhalten.

- **Hierarchisch vor lateral**
  Der Leiter eines Teams ist, unabhängig davon, ob es sich um eine hierarchische (Führen als disziplinarischer Vorgesetzter) oder laterale (Führen als Primus inter Pares) Führungsaufgabe handelt, dafür verantwortlich, dass die Zusammenarbeit funktioniert. Es ist eine zentrale Führungsaufgabe, dafür zu sorgen, dass Zusammenarbeitshindernisse aus dem Weg geräumt und Missverständnisse und Konflikte bearbeitet werden. Deshalb sind Konflikte zwischen Führungsperson und Mitarbeiter/n von ganz besonderer Bedeutung. Bevor es an die Bearbeitung eines Konflikts zwischen Mitarbeitern geht, muss die Linie Führung – Mitarbeiter klar sein.

- **Persönlich vor sachlich**
  Sachprobleme sind leicht(er) zu lösen, wenn die Beziehung zwischen den Menschen stimmt. Wenn das Verhältnis zueinander getrübt ist, macht es keinen Sinn, Sachfragen zu besprechen, weil ja die Basis zur Problemlösung, der Wille zum Miteinander, fehlt. Daher gehen die sozialen und individuellen, die »menschlichen« Fragen grundsätzlich den Sachfragen voraus.

- **Intern vor extern**
  Alle Probleme, die mit Dritten zu tun haben, sollten als Letztes besprochen werden. Nur für Themen, die das Team intern hat, können im Hier und Jetzt sofort Lösungen gefunden und Maßnahmen vereinbart werden. Ziel ist es, miteinander zu reden und nicht übereinander. Wenn es allerdings sinnvoll erscheint, über die Zusammenarbeit mit Dritten zu sprechen, weil dies das Miteinander im Team belastet, so sollte auch dafür Zeit sein.

Persönliches wird vor Sachlichem behandelt!

● Auf den Punkt gebracht

Auswählen

- 20 Minuten Pause machen

- »Agenda« zeichnen und Folgendes eintragen:
  - Soziale Themen: direkte Aussagen von Personen zu anderen Personen
  - »Befindlichkeitsaussagen«
  - Sachthemen
  - Möglichst im »O-Ton«

- Auswählen der wichtigsten Themen:
  - Akut vor chronisch
  - Sozial vor individuell
  - Hierarchisch vor lateral
  - Persönlich vor sachlich
  - Intern vor extern

- Sachthemen separat notieren und später zur Bearbeitung priorisieren

Die Agenda kann zum Beispiel so aussehen:

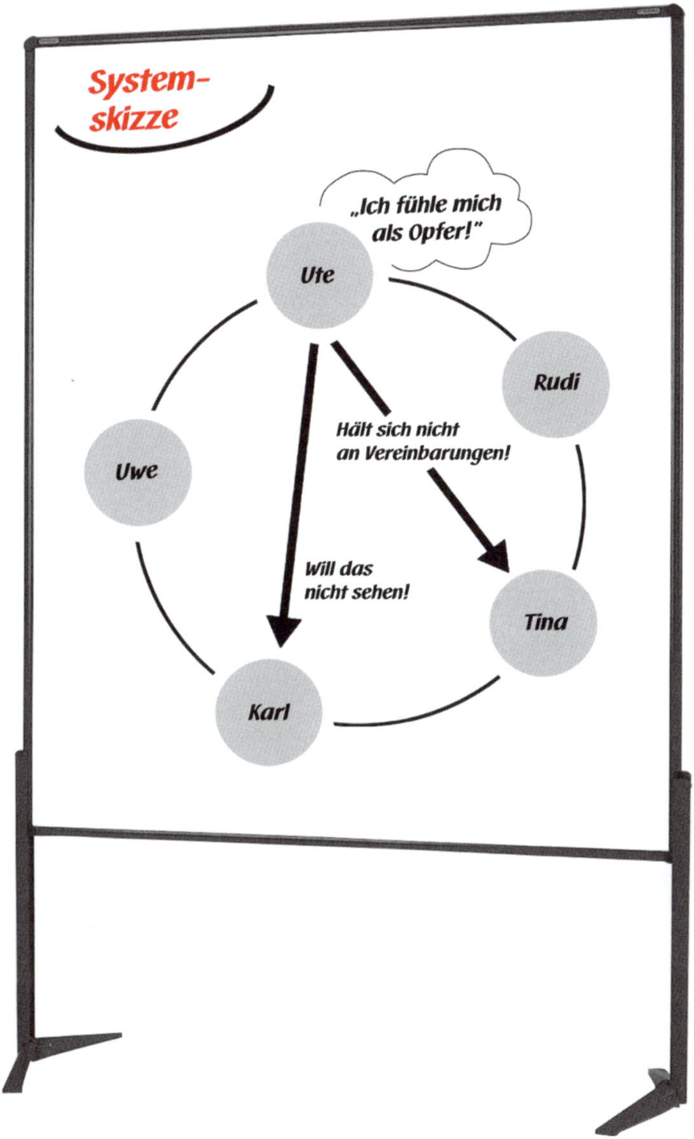

Abb. 11 – Agenda

4. Schritt: Bearbeiten

Eine Anmerkung vorweg: Im Schritt »Bearbeiten« werden Kommunikationstechniken, wie Fragen, Zuhören, Feedback ... eingesetzt. Diese sind im **Methodenkatalog** (Seite 90 ff.) näher beschrieben. Im Folgenden wird vor allem der chronologische Ablauf dieser Phase skizziert.

Zur Moderation: Schon beim »Sammeln« werden sich Dinge geklärt haben. Die Menschen haben Aussagen voneinander gehört, die sie (so) bisher noch nicht gekannt hatten. Sachverhalte, Sichtweisen, Erwartungen, Enttäuschungen, Befürchtungen ..., von denen sie nichts wussten oder die sie bisher anders gesehen hatten, kamen zutage: »Ach so, so sieht der das – auf die Idee wäre ich nicht gekommen!«

In der Phase des Sammelns wurde aber noch kein Thema besprochen. Die Dinge wurden »nur« benannt, nicht bearbeitet. Es wurde etwas zur Gesamtsituation gesagt, es wurden Erlebnisse benannt, Kolleginnen und Kollegen direkt angesprochen, der Angesprochene konnte aber noch nichts dazu sagen.

Jetzt, in der Phase »Bearbeiten«, geht es darum, die benannten Themen in die Tiefe zu verfolgen und zu klären.

In der Bearbeitungsphase werden die Themen besprochen

Als Start in diese Phase stellt der Moderator die in Phase 3 erstellte Agenda vor und fragt, ob diese so korrekt und vollständig ist. Ggf. muss die Skizze korrigiert und/oder ergänzt werden. Ist die Visualisierung abgestimmt, greift der Moderator die Aussage mit der höchsten Priorität auf. Die Bearbeitungsreihenfolge hat er ja in Schritt 3 bereits festgelegt. Die Auswahlregeln sind, wie bereits gesagt:

- Akut vor chronisch
- Sozial vor individuell
- Hierarchisch vor lateral

- Persönlich vor sachlich
- Intern vor extern

Der Moderator liest die erste Nennung auf der Agenda vor und bittet den »Autor« der Aussage, diese zu erläutern und zu präzisieren. Alle anderen hören zu. Der Moderator hört aktiv zu und hinterfragt die Aussage, bis ihm klar ist, worin konkret der Vorwurf besteht. Er fragt dann den »Angeklagten«, ob dieser verstanden hat, was der »Ankläger« vorbringt: »Wissen Sie, was er/sie meint?« Bei einem »Nein!« fragt der Angesprochene selbst nach, bis er weiß, worin der Vorwurf besteht.

Wichtig ist hier, dass der Empfänger verstehen soll. Er muss die Aussage(n) nicht teilen und mit der Sicht der Dinge nicht einverstanden sein. Es geht zunächst einzig und allein darum, zu verstehen! Ziel ist es, herauszuarbeiten, was den Kläger verletzt hat und wieso ihn das verletzt hat. Jeder Mensch möchte gesehen, anerkannt und wertschätzend behandelt werden. Jeder möchte dazugehören. Meist wurde im Eifer des Alltagsgefechts dieses elementare Bedürfnis »übersehen«. Zudem tickt jeder Mensch anders, und wir wissen nicht, welche Bedürfnisse er oder sie hat, was jemand »gut abkann« und was gar nicht … (vgl. Theoretischer Background, Seite 112 ff.).

In diesem Dialog geht es nun darum zu lernen, wodurch sich die Teammitglieder (seien es nur zwei oder mehrere) das Leben schwer machen und, wenn möglich, wie es besser gehen könnte. Dazu werden alle Aussagen durchgearbeitet, und das beginnt jeweils damit, dass der »Klageführer« seine Klage so lange erläutert, bis der Beklagte verstanden hat, was dessen Anliegen ist.

Dann bittet der Moderator den Angesprochenen, Stellung zu nehmen: »Was sagen Sie dazu?« Jetzt entsteht ein moderierter »Ping-Pong-Dialog«, bei dem für jede Aussage »des Pudels Kern« herausgearbeitet wird. Es geht um eine vertiefende Exploration der ersten Aussage: Was steckt konkret hinter dem Vorwurf, der Situationsschilderung, der Nennung, welche »Hidden Feelings« liegen darunter? Worum geht es wirklich?

Des Pudels Kern

Es entsteht ein »kontrollierter Dialog«, der vom Moderator sehr konzentriert moderiert werden muss: Aussagen werden konkretisiert, gegenübergestellt und (endlich) »zu Ende gedacht«! Wichtig ist jetzt, dass klar wird, worin konkret der jeweilige Vorwurf besteht, welche Verletzung wodurch entstanden ist und die Beziehung belastet.

Nur wenn es gelingt, Klarheit herzustellen, gibt es eine Basis, auf der der nächste Schritt, der Schritt des Planens, überhaupt sinnvoll ist. Ein direktes Planen ohne diesen Schritt würde bedeuten, Vereinbarungen »auf Sand zu bauen«.

In dieser Phase geht es darum, nach dem Grundsatz »Wahrheit vor Schönheit!« das herauszuarbeiten und anzuschauen, was bisher verdrängt wurde. Es gibt keine Garantie dafür, dass dies gelingen wird. Damit es aber gelingen kann, bedarf es kommunikativen Geschicks.

Es gilt, vorschnelle »Lösungen« zu vermeiden

Dieses wiederum besteht aus einem soliden Hintergrundwissen und bewährten Kommunikationstechniken sowie dem berühmten »Händchen«, das man für jede Sache haben muss, die man professionell beherrschen möchte.

Wichtig ist, in diesem Schritt darauf zu achten, dass nicht vorschnell Vereinbarungen getroffen werden. In der Erleichterung darüber, dass sich der Knoten gelöst hat, werden leicht und (vor) schnell »Lösungen« vereinbart. Die Frage ist, ob man diese mit etwas Abstand auch noch treffen würde. Der Moderator wird also Vorschläge, die auf Lösungen abzielen, notieren und darauf hinweisen, dass es zu einem späteren Zeitpunkt (im Schritt 5, dem »Planen«) noch Gelegenheit geben wird, Vereinbarungen zu schließen. So bekommen die Beteiligten die Möglichkeit, die Sache erst einmal etwas »setzen zu lassen« …

Dazu drückt der Moderator in der Bearbeitungsphase die »Pausentaste«, sobald für den Moment alles gesagt ist und gegenseitiges Verstehen eingesetzt hat und/oder die Gesprächspartner beginnen, Lösungsideen zu produzieren. Er sagt dazu etwa: »Gut, dann möchte ich das jetzt erst mal so stehen lassen. Wir kommen nachher noch mal darauf zurück und werden sehen, ob Sie dazu etwas vereinbaren möchten.«

Ein Beispiel:
Moderator zu Herrn Jung: *»Sie haben vorhin etwas auf Herrn Alt bezogen gesagt, und ich habe hier ›unsensibel‹ dazu notiert. Was war damit genau gemeint?«*

Jung: *»Ja, er hat mich letzte Woche auf dem Flur abgepasst und mich blöd angemacht. So redet man unter Kollegen nicht miteinander.«*

Moderator zu Alt: *»Was sagen Sie dazu?«*

Alt: *»Also, so kann man das nicht sagen. Ich habe dir lediglich erklärt, was ich von dir erwarte. Wenn du nicht selbst weißt, wie man sich benimmt, dann musst du dir schon gefallen lassen, dass ich dir das sage.«*

Moderator zu Jung: *»Können Sie damit etwas anfangen?«*

Jung: *»Nein, das war inhaltlich nicht gerechtfertigt, was du da gesagt hast, und die Art und Weise erst recht nicht!«*

Moderator zu Alt: *»Worum ging es denn?«*

Wie steht es sich in den Schuhen des anderen?

Alt: *»Also, um das noch mal klarzustellen: Letzte Woche war ich mit Frau Müller im Zimmer und sprach mit ihr. Die Tür war offen, und da kamst du und schautest herein. Als du gesehen hast, dass wir reden, bist du in der Tür stehen geblieben. Das geht einfach nicht, das kannst du nicht bringen!«*

Moderator zu Jung: *»Wissen Sie, was er meint?«*

Jung: *»An die Situation erinnere ich mich natürlich. Ich weiß nur nicht, wo da das Problem liegt. Den Vorwurf kenne ich auch. Das war ja das Thema im Flur.«*

Moderator zu Alt: *»Können Sie es konkreter machen?«*

Alt: *»Also hören Sie mal, das tut man doch nicht. Ich hab dann auch noch gefragt ›Eilt's?‹ und ihn böse angeschaut, um ihm zu signalisieren, dass ich das nicht möchte. Aber er hat nicht darauf reagiert!«*

Moderator zu Alt: *»O.k. – hat Sie das prinzipiell gestört, weil man das aus Ihrer Sicht einfach nicht tut, oder war es mehr?«*

Alt: *»Beides. Frau Müller und ich hatten ein Mitarbeitergespräch, das war kein öffentliches Gespräch. Da hört man doch nicht einfach zu.«*

Moderator zu Jung: *»Was sagen Sie dazu?«*

Jung: *»Ich kann das nicht nachvollziehen. Wir haben doch hier im Team keine Geheimnisse voreinander. Ich hab' was gebraucht und halt gleich gewartet.«*

Moderator zu Alt: *»O. k.?«*

Alt: *»Nein, das ist nicht o.k.! Das geht doch nicht, das tut man nicht.«*

Moderator zu Alt: *»Ich würde gerne etwas für Sie sagen. Darf ich zu Ihnen kommen und etwas für Sie sagen, und Sie schauen mal, ob das so für Sie stimmt?«*

Alt: *»Ja, o.k.«*

Moderator spricht für Alt zu Jung (vgl. Doppeln, Seite 105 ff.): *»Robert, ich war in einem Mitarbeitergespräch mit Frau Müller. Dass du da in der Tür stehengeblieben bist, empfand ich als aufdringlich.«*

– zu Alt: »*Stimmt das?*« – Alt: »*Ja, stimmt.*« – Moderator weiter: »*Ich konnte nicht mehr so ungehemmt reden, als wären wir ganz allein.*« – zu Alt: »*Richtig?*« – Alt: »*Ja.*« – Moderator weiter: »*Ich empfand das als Missachtung. Ein Mitarbeitergespräch ist keine öffentliche Angelegenheit. Das war mir zu nah, zu dicht.*« – zu Alt: »*Stimmt das?*« – Alt: »*Ja, schon.*« – Moderator weiter: »*Ich hätte mir gewünscht, dass du etwas fragst, wie ›Störe ich?‹ oder ›Soll ich lieber später noch mal kommen?‹, und mir die Chance gegeben hättest, das Gespräch unbeobachtet zu Ende zu führen. So hatte ich das Gefühl, dass es dir egal ist, was für mich gerade wichtig ist, und das hat mich verletzt.*« – zu Alt: »*Ist das richtig?*« – Alt: »*Ja, das stimmt. Das hat mich wirklich sehr verletzt.*«

Moderator zu Jung: »*Was sagen Sie dazu?*«

Jung: »*Ich wollte dich nicht verletzen. Ich finde aber auch, dass es schon o. k. ist, wenn ich warte, weil wir im Führungsteam keine Geheimnisse haben.*«

Moderator zu Jung: »*Darf ich mal zu Ihnen kommen und etwas für Sie sagen?*«

Jung: »*Ja, klar.*«

Moderator spricht für Jung zu Alt: »*Mirko, ich wollte dich nicht verletzen. Ich hab' mich aber durch deine Frage weggeschickt gefühlt, behandelt wie ein Schulbub.*« – zu Jung: »*Stimmt das?*« – Jung: »*Ja, ich bin dagestanden wie ein Depp.*« – Moderator weiter: »*Und da bin ich trotzig geworden und dachte mir, so lass ich mich nicht behandeln.*« – zu Jung: »*Ist da was dran?*« – Jung: »*Ja, klar, da würde sich jeder ärgern.*«

Moderator zu Alt: »*Was meinen Sie dazu?*«

Alt: »*Ja, das versteh ich. Aber da war ich schon sauer, sonst hätte ich das ja gar nicht gesagt.*«

Moderator zu Alt: »*Und das im Flur?*«

Alt: »*Ja, da hab' ich klargemacht, dass ich das für unprofessionell halte, wenn man sich in ein Gespräch drängt, und dass ich das künftig nicht mehr haben möchte.*«

Moderator zu Jung: »*Was sagen Sie dazu?*«

Jung: »*Ja, aber wie.*«

Moderator zu Alt: »*Ich würde gerne noch mal was für Sie sagen. Darf ich?*«

Alt: »*O. k.*«

Moderator spricht für Alt zu Jung: »*Also, das im Flur war vielleicht nicht besonders geschickt vorgetragen von mir. Wenn ich dich da verletzt habe, tut mir das leid, das war nicht meine Absicht.*« – zu Alt: »*Richtig?*« – Alt: »*Ja, ich wollte das nur klarstellen.*« – Moderator weiter: »*Ich brauche Schutz für meinen persönlichen Nahbereich. Da ist mir so eine Situation zu dicht.*« – zu Alt: »*Korrekt?*« – Alt: »*Nein, so kann man das nicht sagen, nein.*« – Moderator weiter: »*Sondern wie?*« Alt: »*Ich finde, das hat mehr was mit Respekt zu tun. Ich möchte einfach respektiert werden.*«

Moderator zu Jung: »*Ihr Kommentar?*«

Jung: »*Ich habe eher das Gefühl, dass du mich nicht respektierst.*«

Alt: »*Aha – auf die Idee wäre ich jetzt aber nicht gekommen.*«

Moderator zu Jung: »*Woran machen Sie das fest?*«

Jung: »*Nehmen wir doch diesen Fall: Ich darf bei einem Gespräch nicht zuhören, in dem es um Führung geht, obwohl ich da noch nicht so erfahren bin. Und die internen Zusammenhänge kenn' ich auch noch nicht besonders gut. Herr Alt weiß das. Trotzdem will er mich raushalten.*«

Moderator zu Alt: »*Und?*«

Alt: »*So ist das aber nicht richtig!*«

Moderator zu Alt: »*Ich sag noch mal was für Sie – o.k.?*«

Alt: »*Wenn es hilft.*«

Moderator für Alt zu Jung: »*Nein, so ist das nicht. Ich will dich nicht heraushalten.*« – *zu* Alt: »Richtig?« – Alt: »*Ja.*« – Moderator *weiter:* »*Ich schätze dich als jungen Kollegen. Ich bin gern bereit, dich zu unterstützen.*« – zu Alt: »*Ja?*« – Alt: »*Ja.*« – Moderator *weiter:* »*Ich wusste nicht, dass du das möchtest. Ich hab' das bisher nicht so verstanden. Ich hab' die Zeichen anders gedeutet.*«

Moderator zu Jung: »*Was sagen Sie dazu?*«

Jung: »*O.k., ich dachte, das weißt du.*«

Alt: »*Nein, aber jetzt weiß ich es.*«

Moderator zu beiden: »*Gut, ich möchte das jetzt mal so stehen lassen. Wir kommen später noch mal darauf zurück, und Sie können sich dann überlegen, was Sie damit machen – o.k.?*«

Alt: »*Ja, für mich ist das erst mal o.k.*«

Jung: »*Ja, gut, o.k.*«

Moderator: »*So, die nächste Aussage, die ich notiert hatte, ist die, dass Sie, Frau Münster, sagten, dass …*«

Auf den Punkt gebracht

Bearbeiten

Eröffnung des moderierten Konflikt-Dialogs:
- Vorstellen der Agenda
- Änderungen?
- Ergänzungen?

Klären der Themen – step by step:
- Aussagen konkretisieren lassen.
- Gegenseitig Stellung nehmen lassen.
- Fragen, zuhören, nachfragen, verbalisieren, Feedback geben, ggf. »doppeln«.
- Wenn eine Situation geklärt ist, den Punkt abschließen.

Wichtig:
- Keine Lösungssuche, zumindest keine Vereinbarungen!

Auf geeignete Sitzordnung achten (vgl. Seite 43 ff.)!

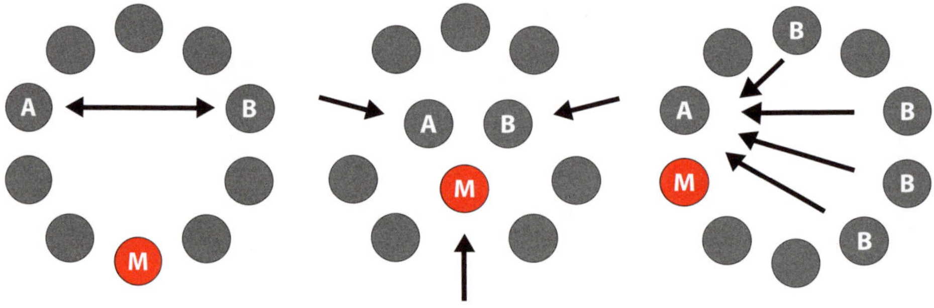

Die Agenda (s. Abb. 11, S. 69) ist die Basis des Bearbeitens.

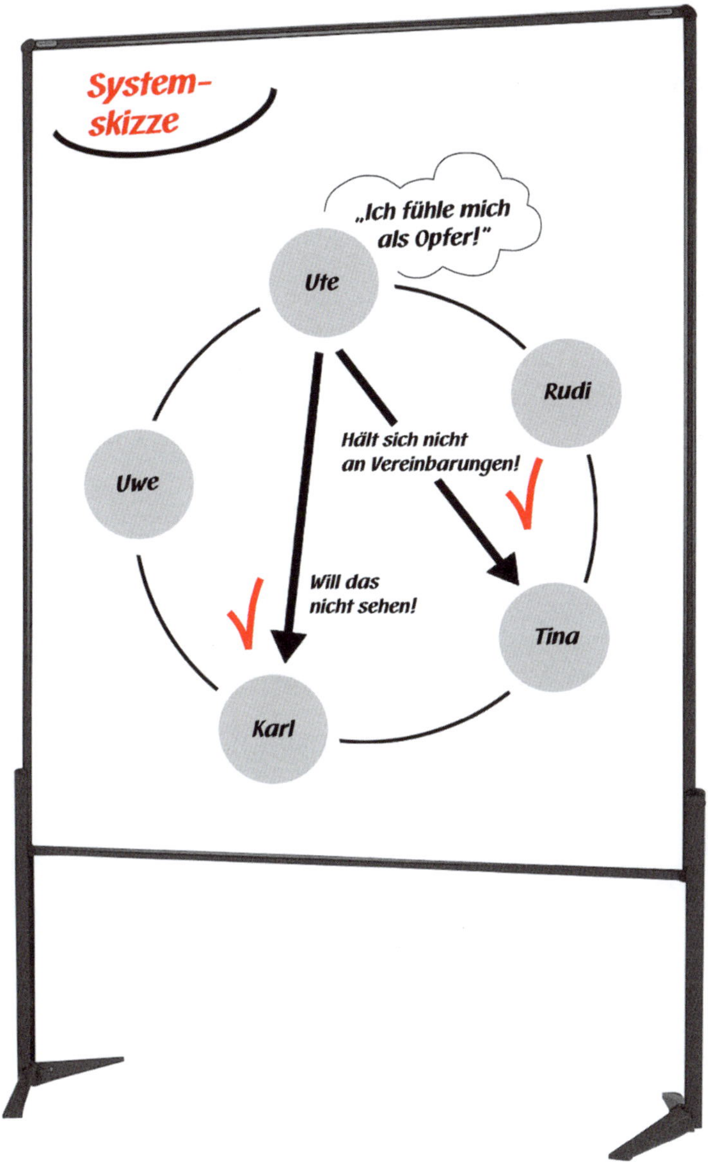

Abb. 12 – Agenda 2

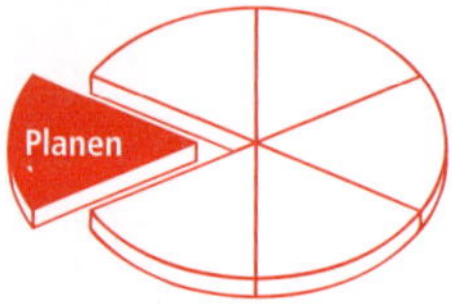

5. Schritt: Planen

Im Schritt »Planen« spricht der Moderator alle Lösungsideen und Vereinbarungen aus den Schritten »Sammeln« und »Bearbeiten« nochmals an. Jedes Thema muss jetzt nochmals kurz gecheckt und (möglichst) abgeschlossen werden, sodass »die Gestalt geschlossen« wird und keine offenen Enden bleiben.

Es werden sich in der gemeinsamen Arbeit bereits Dinge dadurch erledigt haben, dass sie dem Gegenüber gesagt werden konnten. Es werden Verletzungen besprochen worden sein und Missverständnisse sich geklärt haben. Meist wurden auch Angebote zur einen oder anderen Angelegenheit gemacht und Lösungen für die Zukunft angedacht.

Der Moderator benennt beim »Planen« jedes Thema nochmals kurz und fragt, ob dazu etwas zu beschließen, zu planen ist:

- »Möchten Sie, Frau A, mit Herrn B nun so verbleiben, wie Sie das vorhin schon angedacht hatten, also dass Sie beide künftig ...?«
- »Ist jetzt zu der Sache zwischen Ihnen, Herr C, und Ihnen, Frau D, eine Lösungsidee gereift?«
- »Soll der Gedanke von Ihnen, Herr E, den Sie vorhin geäußert haben, konkretisiert werden?«
- »Wie werden Sie, Frau F, zu dem Punkt ... mit Frau G denn nun verbleiben?«
- »Können wir das zwischen Ihnen, Herr H, und Ihnen, Frau I, so stehen lassen, oder gibt es dazu noch etwas zu vereinbaren?«

Konkrete Vereinbarungen treffen

In aller Regel haben die Leute Ideen, wie sie »das« künftig handhaben wollen, und werden entsprechende Angebote machen. Wichtig ist, dass der Moderator dafür sorgt, dass konkrete Vereinbarungen getroffen werden.

Soll eine Vereinbarung schriftlich fixiert werden, so bietet es sich an, den »Maßnahmenplan« der normalen Moderation zu verwenden (vgl. Seite 85). Da es meist um Verhaltensänderung geht, ist es unverzichtbar, den Parteien bei der Operationalisierung ihrer Vorhaben zu helfen.

»Wir setzen uns künftig einfach öfter mal zusammen!« ist ein ehrenwerter Vorsatz. Ich nenne Vorhaben dieser Preisklasse »das Wort zum Sonntag«, denn: Wer setzt sich wann mit wem wozu wie lange und in welcher Form zusammen? Und: Wer kontrolliert wie, ob das auch gemacht wird, und was passiert, wenn es nicht gemacht wird?

Der Moderator muss gezielt Planungsfragen stellen und den Beteiligten helfen, eine brauchbare Vereinbarung zu formulieren. Es gehört auch zu seinen Aufgaben, dabei nicht »blauäugig«, sondern bewusst kritisch zu sein!

Hilfreich sind hier folgende Fragen:

- »Was ist es ganz konkret, was Sie tun werden?«
- »Woran werden Sie merken, dass es Ihnen gelungen ist?«
- »Woran werden Sie merken, wenn es nicht funktioniert?«
- »Was konkret werden Sie tun, wenn es nicht so läuft, wie Sie das jetzt möchten?«
- »Können Sie eine Kontrolle einbauen, und wie könnte diese aussehen?«

Fällt es den Parteien (noch) schwer, eine Vereinbarung zu finden, obwohl aus Sicht des Moderators eigentlich »auf der Hand liegt«, was getan werden könnte/sollte/müsste, so wird er keinen direkten Lösungsvorschlag machen. Würde der Moderator Vorschläge machen, würde er seine neutrale Position verlieren.

Er kann und sollte aber durchaus »laut denken« und dadurch Denkanstöße geben. Bei lautem Denken umgeht er die Gefahr, sich inhaltlich einzumischen, »ins System hineingesogen« zu werden, seine neutrale Außenposition zu verlieren und dadurch letztlich seine Akzeptanz und Handlungsfähigkeit einzubüßen.

»Lautes Denken« kann sich etwa so anhören:

- »Tja, das ist schon verzwickt – was soll man da machen? Von außen betrachtet, könnte man natürlich sagen, man bräuchte ja nur …, aber das stellt sich für Sie natürlich anders dar. So wie es aussieht, geht das so für Sie nicht.«
- »Eigentlich könnte man sagen, man macht …, was für Sie freilich eine Zumutung wäre.«

Dieses unverbindliche »Von außen« und »Man könnte« (wenn man nur wollte) setzt Impulse, ohne Erwartungsdruck aufzubauen. Die Ideen sind Angebote zur Prüfung, ob es so gehen könnte, ohne dass sie als solche daherkommen. Die Verpackung als »unmögliche Lösungen« oder »Nicht-Lösungen« reizt zum Widerspruch: »Wieso eigentlich nicht?« Dieser »Trick« kann den Betroffenen helfen, zu Lösungen zu kommen – eine Garantie, dass es klappt, gibt es freilich nicht.

Nicht-Lösungen können das Finden von Lösungen fördern

Der Abschluss dieser »Nachhilfe« muss die Überleitung in die Verantwortung der Beteiligten sein. Hierzu kann der Moderator etwas sagen, wie:

»Tja, jedenfalls ist es, wie es ist, und die Frage ist, was Sie da jetzt machen! – Was soll denn nun geschehen? – Wie verbleiben Sie?«

Ist momentan keine Vereinbarung (er)findbar, so ist eine Meta-Lösung, eine Lösung zweiter Ordnung, zu finden. Die Frage lautet dann, was die Parteien als Weg zu einer Problemlösung vereinbaren können: »Was machen wir damit, dass wir momentan keine Lösung finden können?«

»Schlimmstenfalls« wird vereinbart, dass dieser Punkt für den Moment offenbleiben muss. Wenn möglich, gibt es eine zweite Runde, in der dieser Punkt nochmals betrachtet werden kann.

Man kann auch vereinbaren, nichts zu vereinbaren.

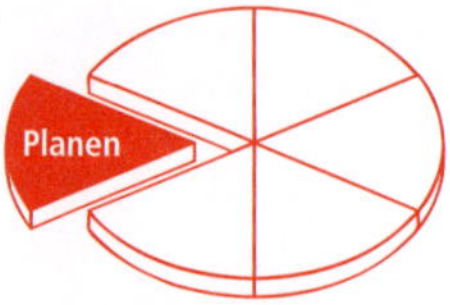

Auf den Punkt gebracht

Planen

- Kurzes Checken aller besprochenen Themen
- Verbale Kontrakte schließen
- Konkrete Maßnahmen formulieren
- Maßnahmenplan nutzen
- Solide Lösungen, konkrete Maßnahmen formulieren
- Ggf. »Nicht-Lösungen« anbieten
- Controlling/»Check« einbauen:
  - Können die Betroffenen etwas vereinbaren, woran sie erkennen werden, wenn sie wieder auf die »schiefe Bahn« geraten?
  - Was können sie als »Sicherung« vereinbaren, um die Klärung im Wiederholungsfall selbst hinzukriegen?

Die Abbildung zeigt den Maßnahmenplan.

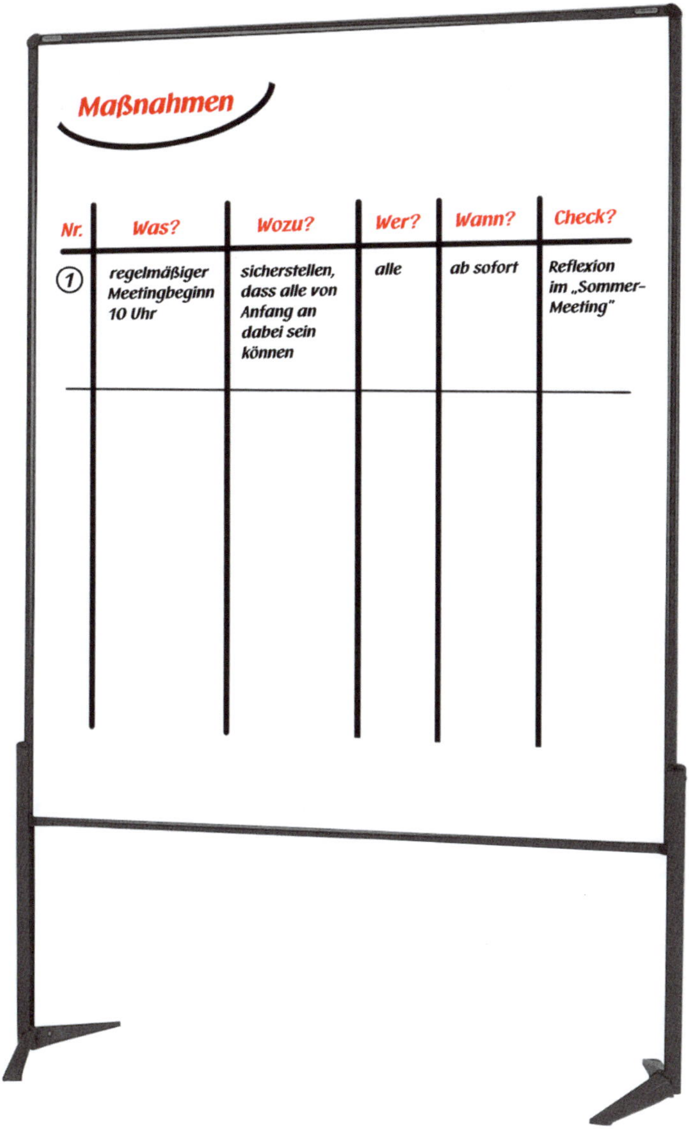

Abb. 13 – Maßnahmenplan

6. Schritt: Abschließen

Im letzten Schritt des Moderationszyklus, der Konfliktklärung, geht es nun noch darum, das Gespräch sauber abzuschließen. »Irgendwie« muss man ja aufhören, aber wie und worauf kommt es dabei (besonders) an?

Im letzten Schritt soll der gemeinsame Prozess kurz reflektiert und abgeschlossen werden. Denkbar ist dazu ein klassisches »Abschlussblitzlicht« – verbal oder visualisiert. Beim rein verbalen Blitzlicht wird nicht visualisiert, sondern über den zurückliegenden Prozess »nur« gesprochen. Beim visuellen Blitzlicht wird die Reflexionsfrage visualisiert und durch Kleben eines Punktes beantwortet. Dann wird das Ergebnis noch besprochen (vgl. Abb. 14, Seite 89).

Wichtig ist an dieser Stelle, dass der Moderator den Parteien Gelegenheit gibt, auch ihm persönlich Rückmeldung zu geben. Denkbar ist auch ein Statement, wie etwa: »Ich hoffe, ich konnte Sie so durch Ihre Themen führen, dass das für Sie in Ordnung war. Sollte mir das an der einen oder anderen Stelle nicht ganz gelungen sein, tut mir das leid – sorry. Ich wünsche Ihnen jetzt zum Schluss die Kraft zur Umsetzung Ihrer Beschlüsse …« Besser ist allerdings die direkte Aussprache. Dazu kann man Fragen stellen, wie etwa:

- »Wie geht es Ihnen jetzt? Was wollen Sie zum Schluss noch sagen, bevor wir dann auseinandergehen?«
- »Gibt es etwas, was Sie mir mit auf den Weg geben möchten, was ich zu lernen habe?«
- »Habe ich Sie an irgendeiner Stelle übersehen, gedrängt, geärgert …?«
- »Haben Sie sich gerecht behandelt und gut durch den Prozess geführt gefühlt?«

Beschwert sich ein Teilnehmer am Schluss der Veranstaltung, dass er sich ungerecht behandelt gefühlt hat oder ..., so ist die einzige Möglichkeit, die der Moderator jetzt noch hat – er kann die Uhr ja nicht zurückdrehen –, sich in aller Form zu entschuldigen. Dabei geht es natürlich nicht um Rechtfertigung oder „Richtigstellung", sondern ausschließlich um das Anerkennen des Gefühls, das der Beschwerdeführer äußert! Der Moderator wird eventuell Verständnisfragen dazu haben, aber keinesfalls einen Kommentar abgeben.

Die letzten Worte des Treffens spricht der Initiator des Gespräches (Zweierkonflikt) bzw. der Teamverantwortliche (Teamkonflikt). Er dankt den Teilnehmern und dem Moderator und beendet damit die gemeinsame Arbeit.

Der Moderator sollte sich positiv verabschieden!

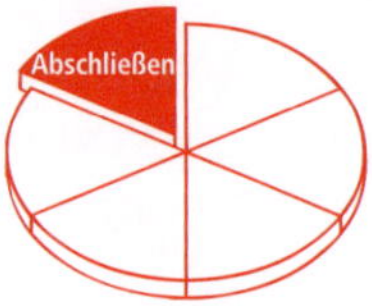

Auf den Punkt gebracht

Abschließen

Visualisiertes oder rein verbales »Abschlussblitzlicht« zu Verlauf und Ergebnis:

A) Feedback zur Sache
- Ergebnis?
- Offene Punkte?
- Weiteres Vorgehen?

B) Feedback an den Konfliktmoderator
- Unfair, parteiisch, ungerecht, unverstanden ...?
- Gibt es etwas zu verbessern?
- Sonstiges?

C) Gegebenenfalls kann an dieser Stelle ein Folgetreffen angedacht/angeboten/vereinbart werden.

D) Schlussworte des Initiators bzw. des Teamverantwortlichen

E) Abschied

Die Abbildung zeigt ein mögliches »Abschlussblitzlicht«:

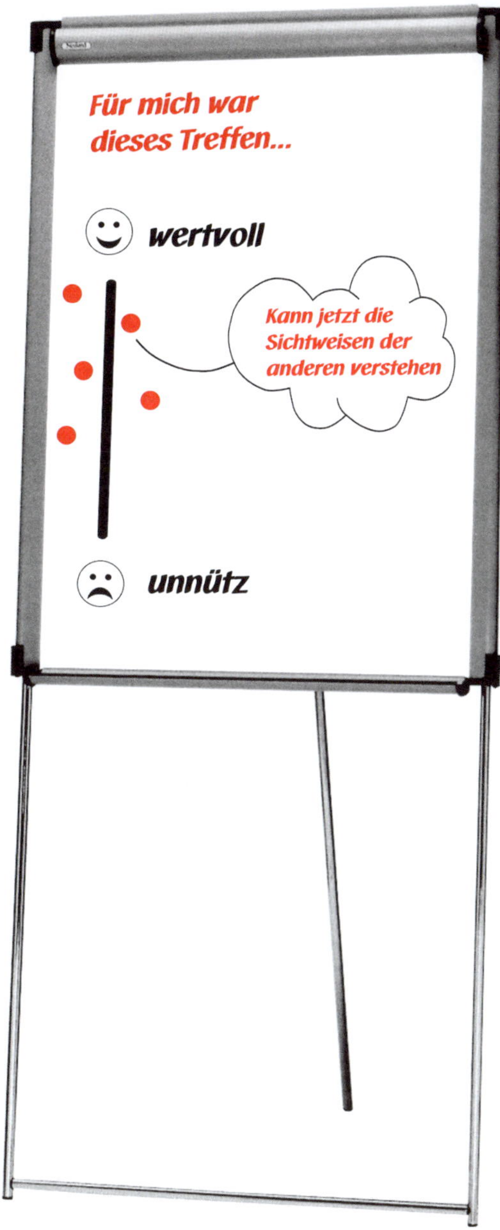

Abb. 14 – »Abschlussblitzlicht«

Methodenkatalog

Konfliktklärung bedarf eines Methodensets, mit dem der Moderator sicher arbeiten kann. Die Betonung liegt dabei auf sicher. Es schadet nicht, Methoden in petto zu haben, die man im Bedarfsfall nutzen kann. Wichtiger als die Menge ist jedoch die Sicherheit in den Basics. Hierzu gehören verbale Kommunikationsmethoden, wie: Fragen – Zuhören – Feedback – Verbalisieren und Doppeln sowie visuelle Kommunikationsmethoden/Visualisierungsmethoden, wie die Agenda (3. Schritt) oder auch die »Zwei-Felder-Tafel«/»PAS« (4. Schritt). Aber der Reihe nach ...

A) Fragen

Naives Fragen – Professionelles Fragen

»Die Schachteln von Menschen werden immer kleiner.« »Was für Schachteln?« »Ich hab mir gedacht, jede Frage liegt in einer Schachtel, und die Antworten, die die Menschen kriegen, die sind immer ganz genauso groß wie die Schachteln, wo die Frage drin ist. Das ist so wie mit den Dimensionen, weißt du noch?« »Du meinst, damals, das aus dem Buch?« »Ja, wenn du eine Frage mit zwei Dimensionen hast, dann kriegst du auch eine Antwort mit zwei Dimensionen. Das ist alles fest eingesperrt, eben wie in einer Schachtel.« »Ich glaube, ich weiß ungefähr, was du meinst.« »Die Antwort ist immer so groß wie die Schachtel, und dann ist Schluss. Mehr kriegt man nicht. Wie im Gefängnis.«

»Ich glaube, wir sind alle irgendwie eingesperrt.« Sie schüttelte den Kopf. »Nein, das glaub ich nicht. Das würde Mister Gott nicht zulassen. Wir sperren uns höchstens selber ein.« (Nach Fynn: Hallo, Mister Gott, hier spricht Anna; Scherz Verlag; Bern 1998, S. 135)

Fragen sind unentbehrliche, nie stumpf werdende Werkzeuge, wenn der Mensch versucht zu verstehen, wie die Dinge zusammenhängen. Fragen sind für den Moderator von zentraler Bedeutung: Er muss die Balance halten zwischen Aktivieren und Mäßigen, zwischen Wissenwollen, worum es genau geht, was da läuft, dahintersteckt, stört, blockiert ..., und penetrantem Nachbohren – ohne dadurch Verhörcharakter und Widerstand zu erzeugen, um den Klärungsprozess kraftvoll zu leiten, maßvoll zu steuern und kontinuierlich weiterzuführen.

Fragen sind unentbehrliche, nie stumpf werdende Werkzeuge

Wenig hilfreich: Die Frage »Warum?«

Kindlich naives Fragen ist in der Konfliktmoderation durchaus sinnvoll. Könnte man so unschuldig, direkt, offen fragen, wie ein kleines Kind das kann, es wäre vermutlich die beste Art zu fragen. Es sei denn, wir fragen: »Warum?«

In ungewohnten und/oder stressbelasteten sozialen Situationen lösen Warum-Fragen Reaktanz, das heißt eine innere wie äußere Abwehrreaktion, aus und münden entgegen ihrer Intention nicht selten in einer Kommunikationsblockade. Jemand, der unter emotionalem Druck steht, wittert in diesen fünf Buchstaben einen versteckten Angriff und reagiert wahrscheinlich mit Rechtfertigungen oder einem Gegenangriff. Deshalb sind gerade in der Moderation Warum-Fragen »mit Vorsicht zu genießen«.

»Warum?« fragt nach einer kausalen Erklärung für ein Phänomen, einer (Aus)Wirkung. Und eine kausale Erklärung schließt von einer Ursache auf eine Wirkung. Sie setzt die Wirkung als Tatsache voraus und sucht nach einem ursächlichen, direkten Zusammenhang zur Wirkung. Ein »Warum?« fordert ein

»Weil!« – ganz einfach, weil wir Menschen die Neigung haben, hinter allem eine Ursache zu vermuten. Wir meinen, (immer weiter) Warum-Fragen stellen zu können und dadurch zu immer tieferen Erkenntnissen zu kommen. Dies hat evolutionäre Gründe: Es ist besser, eine falsche Ursachenvermutung zu haben, als keine Erklärung. Warum-Fragen bewirken eine Ursachen- und Problem-Fokussierung. Sie nehmen den Blick dafür, dass etwas auch »ganz anders« sein könnte als vermutet.

Das Warum fragt nicht nach den Zwischentönen

In der Konfliktmoderation suggeriert man durch Warum-Fragen ein mechanistisches Weltbild, in dem alles determiniert ist und »Zwischentöne« ignoriert werden. Denn wenn man zu wissen glaubt, wie die Dinge zusammenhängen, ist man nicht mehr in der Lage zu überlegen, ob es denn auch (ganz) anders sein könnte. Und damit erweist der Moderator sich und den Menschen in der Gruppe einen Bärendienst. Gerade die Zwischentöne sind es, auf die es in der Moderation ankommt! Eine Aufgabe des Moderators ist es ja gerade, zu zeigen, dass keine der vorgetragenen Meinungen »richtiger« oder »besser« ist als eine andere. Das soll nun nicht heißen, dass es keine Plausibilitätsunterschiede bei Erklärungen für Phänomene geben kann oder soll. NUR: Erst der Austausch unterschiedlicher Sichtweisen, möglicher Ursachen für … hilft, zu (wertvollen) Ergebnissen zu kommen.

Warum-Fragen führen geradewegs zu Begründungssemantik. In multikausalen, sozialen Systemen ist es aber grundsätzlich nicht möglich, Ereignisse und auf ihnen basierende Folgeereignisse als Ursache-Wirkungs-Prinzipien zu definieren. Die Frage, »wer angefangen hat« oder »warum die Situation so ist, wie sie ist«, ist für das Konfliktgeschehen in einem Team im Regelfall nicht beantwortbar, zumindest nicht eindeutig und zweifelsfrei. Kleine Ereignisse führen zu größeren Ereignissen, und die Eskalationsspirale nimmt ihren Lauf. Subjektive »Erklärungen« führen zu unüberbrückbaren Reaktionen. Die Warum-Frage: »Warum ist es zu X gekommen?« führt zu einem Schuldigen oder Verursacher, dem Sündenbock. Und mindestens dieser wird Widerstand gegen die gestellten Fragen entwickeln – mit Recht!

Wenn nicht »Warum?«, was dann?

Der Moderator muss grundsätzlich mit lösungsorientierten Fragen ans Werk gehen und die unsinnige Endlossuche nach dem einen Grund, dem einen Schuldigen ... durch eine sinnvolle Suche nach relevanten Informationen für die gegebene Aufgabenstellung ersetzen.

Die Frage »Warum?« fragt nach Erklärung, Begründung, Rechtfertigung. Sie setzt den Befragten auf die »Anklagebank«, zumindest aber in den »Zeugenstand«, oder sogar, sehr subtil, ins Unrecht.

Gut sind »Journalisten-Fragen«, wie: »Wie kam es dazu?«, »Wie kamen Sie zu dieser Überzeugung?«, die neugierig nach Informationen fragen. Sie setzen den Gefragten auf Expertenstatus.

Eine gute Orientierung zum gezielten Fragen: »Wie soll ich denn fragen?« und: »Wonach soll ich als Moderator fragen?« bekommt man durch das sogenannte »Metamodell der Sprache« (vgl. Bandler/Grinder):

Das »Metamodell der Sprache«

Der Ausgangsgedanke ist dabei der, dass die Dinge um uns herum unabhängig davon existieren, ob wir sie benennen, ob wir ihnen einen Namen geben oder nicht. Damit wir uns über das, was ist, und das, was wir uns vorstellen, austauschen können, brauchen wir aber Namen für die Dinge. Um komplexe Zusammenhänge erläutern zu können, brauchen wir mehr als Begriffe – wir benötigen ein Sprachsystem, eine Sprache.

Das Gesprochene ist niemals das Ding an sich

Das Gesprochene ist aber niemals das Ding an sich, sondern lediglich eine Beschreibung des Dings (oder Sachverhalts). Es ist also immer nur ein »Modell« dessen, was es bezeichnet. Die Landkarte (wie gut auch immer sie gemacht ist) ist nicht das Gelände, sondern nur ein »Modell« davon (vgl. Korzybski)! Und dieses Modell dessen, was wir wahrnehmen (also letztlich unser Modell der Welt), ist auch noch im höchsten Maße individuell!

Wenn man sich nun Gedanken darüber macht, wie Sprache funktioniert, wie Menschen sich verständigen, dann bastelt man sich gewissermaßen ein Modell vom Modellerzeugungswerkzeug Sprache – also ein Modell von einem Modell, ein Metamodell von Sprache.

Das Sprache-Metamodell basiert auf der Annahme, dass es drei Ebenen gibt, auf denen wir Sprache nutzen, um uns mitzuteilen, die miteinander in Wechselwirkung stehen:

A) eine vorsprachliche Ebene der Erfahrung
B) eine Tiefen-Struktur der Sprache
C) eine Oberflächen-Struktur der Sprache

Vorsprachliche Ebene

Wir verfügen nur für Teile unserer Erfahrungen über Begriffe. Wir können unser Erleben nur bruchstückhaft in das kulturell und gesellschaftlich geformte Medium der Sprache übersetzen.

Tiefen-Struktur

Die »Tiefen-Struktur« der Sprache beinhaltet alle sprachlich darstellbaren Informationen zu einem Sachverhalt, wie etwa: »Ich sitze in meinem Büro auf einem einigermaßen bequemen Bürosessel am Schreibtisch und bemühe mich, indem ich mich am Computer mit Formulierungen versuche, eine möglichst einfache, verständliche Darstellung dessen zu finden, was das Metamodell der Sprache ist. Die lautstarken Rasenmäharbeiten meines Nachbarn irritieren und behindern mich dabei etwas.«

Oberflächen-Struktur

Die »Oberflächen-Struktur« der Sprache enthält nur noch das umgangssprachliche »Kürzel« für den zu beschreibenden Sachverhalt – mit dem Ziel, Verständigung zu vereinfachen. Slang und Fachjargon sind hierfür die auffälligsten Vertreter. Für das oben genannte Beispiel wäre die Oberflächen-Struktur vielleicht einfach nur: »Ich schreibe.« Das Paradebeispiel dafür ist der Fachjargon, der die Sprache für Insider »komprimiert« und für Laien völlig unverständlich werden lässt.

Innere Wirklichkeit, Wahrnehmung und sprachlicher Ausdruck hängen über diese drei Ebenen zusammen. Die Informationen, die aus der Tiefen-Struktur an der Oberflächen-Struktur (und nur diese ist »sichtbar«) ankommen, sind durch »Tilgungen«, »Verallgemeinerungen« und »Verzerrungen« reduziert und dezimiert: **Verzerrungen** sind Vorurteile, die zu Wahrnehmungsfiltern führen. **Verallgemeinerungen** sind Generalisierungen von Erfahrungen, die zu Pauschalurteilen und -aussagen führen. **Tilgungen** sind Informationen, die in Folge selektiver Wahrnehmung nicht realisiert wurden und deshalb in der sprachlichen Beschreibung eines Sachverhalts nicht vorkommen. Sie sind unbewusste, aber dennoch absichtliche »Auslassungen«.

Nicht jede Frage ist willkommen!

Fragetechnik

Das Metamodell der Sprache bildet die Basis der daraus resultierenden Fragehaltung, Fragetechnik oder besser Nachfrageart, mit der sprachliche Äußerungen von der Oberflächen-Struktur in die Tiefen-Struktur verfolgt werden.

Wenn man sich vorstellt, dass in einer Moderation die Äußerungen eines Teilnehmers auf der Oberflächen-Struktur liegen und man nun mit der »Metamodell-Fragetechnik« herausfinden möchte, was in der Tiefen-Struktur darunterliegt, dann hat man schon eine gute Orientierung für die in der Moderation erforderliche Zielsetzung und Art des Fragens – jenseits der Frage »Warum?«!

Wie also fragen?

Zielorientierte Fragetechnik liegt jenseits der Frage »Warum?«

In der Konfliktmoderation sind neben den Impulsfragen, die in die einzelnen Phasen des Moderationszyklus hineinführen, Steuerungsfragen erforderlich, die über das Niveau einer Warum-Frage hinausreichen müssen. So kann der Moderator etwa unspezifische Substantive, wie »Die Gefahr ist zu groß!«, mit einer Frage, wie »Was genau meinen Sie mit Gefahr?«, konkretisieren. Zudem kann er unspezifische Verben, wie »Bei dieser Entscheidung wurde ich übergangen!«, mit einem »Inwiefern wurden Sie übergangen?« hinterfragen.

Die »rhetorischen Fallen«, bei denen spezifisches Fragen besonders hilfreich ist, sind:

- Blockaden: »Das geht nicht!«
- Unspezifische Begriffe: »gut« oder »schlecht«
- Verallgemeinerungen: »jeder« oder »immer«
- Implizite Annahmen: »Da macht der nie mit!«
- Allgemeine Vergleiche: »Bei Y geht das alles!«

Bei einer **Blockade** nach dem Strickmuster »Das geht nicht!« könnte man fragen: »Was genau geht nicht?« Oder: »Was macht Sie da so sicher?«

Ein **unspezifischer Begriff** wird durch eine Frage konkret: »Was meinen Sie mit ›gut‹?« Oder: »Woran machen Sie ›gut‹ fest?«

Einer **Verallgemeinerung** kann man mit einem ungläubigen »Jeder?« oder einer Frage, wie »Gibt es dazu Ausnahmen?«, begegnen.

Eine **implizite Annahme** sollte man folgendermaßen hinterfragen: »Hat er das gesagt?« Oder: »Könnte das (in diesem Fall) auch anders sein?«

Und ein **allgemeiner Vergleich** wird durch folgende Fragen aufgeweicht: »Was konkret geht bei Y alles?« Oder: »Wie sind dafür die speziellen Bedingungen bei Y?«

Und was dann?

War die Frage gut, entsteht (ein Stück mehr) Klarheit über Sichtweisen und Hintergründe und eine neue Basis für Verständigung. Spezifische Fragen erzeugen ein Klima der Exploration und Intuition, der Akzeptanz und Lösungsorientierung. Wichtig ist, dass man nicht mit einem plumpen »Warum?« daherkommt, das ist schon mehr als die halbe Miete!

B) Zuhören

Zuhören ist eine der wichtigsten Kernfähigkeiten eines professionellen »Kommunikators«. Denn die Bereitschaft und die Fähigkeit zum Zuhören ermöglicht erst Kontakt und Verstehen. Dabei ist Zuhören zunächst nichts weiter als der Verzicht auf eigene Beiträge, auf eigene Kommentare und Erwiderungen zum Gesagten. Darüber hinaus aber ist es das Bemühen, sich auf den anderen einzulassen, verstehen zu wollen, was er sagt und was er damit verständlich machen, was er »rüberbringen« möchte. Schon passives Zuhören bedeutet Wertschätzung für den Sprecher. Der Zuhörer signalisiert dadurch: »Was du sagst ist (mir) wichtig.« Und das transportiert ein: »Du bist (mir) wichtig!«

Der Sprecher muss erkennen, dass ihm zugehört wird

Der Sprecher muss dazu allerdings unmissverständlich erkennen, dass ihm zugehört wird. Das bedeutet, dass jegliche Nebentätigkeiten unterbleiben müssen. Eine Frage, wie etwa: »Sagen Sie mal, hören Sie mir überhaupt zu?«, wäre der knallharte Beweis, dass es mit der ungeteilten Aufmerksamkeit nicht so recht geklappt hat. Zuhören erfordert deshalb auf den Sprecher gerichtete Aktivität. »Aktives Zuhören« ist also gefragt.

Aktiv Zuhören bedeutet:

- Zugewandte Körperhaltung
- Blickkontakt
- Quittierende, unterstützende Laute, wie: o.k., ah ja, aha, mhm etc. Verständnisfragen, wie: »Wodurch kam das?«, »Und wie hast du dich da gefühlt?«, »Aus welchem Grund glaubst du, hat er so reagiert?«

!

Aktiv Zuhören bedeutet »Verstehen wollen«!

Und: Zuhören hat, besonders in der Konfliktklärung, einen weiteren wichtigen Aspekt! Immer wenn jemand etwas sagt, geht es nicht nur um den Inhalt, den er mitteilt, also die offensichtliche

ES-Aussage, sondern er sagt über die ICH- und die DU-Aussage immer auch etwas darüber, wie er sich in Beziehung zum anderen sieht. Und diese Aussagen ermöglichen dann erst die Interpretation der ES-Aussage (vgl. Abb. 2, Seite 16).

Für den Moderator ist es besonders wichtig »herauszuhören«, was das Gesagte über den Sprecher preisgibt. Denn schon René Descartes hat erkannt: »Was Peter über Paul sagt, sagt mehr über Peter als über Paul!« Deshalb ist es immer auch die Frage, wieso der Sprecher das, was er sagt, sagt und wie er es sagt und wieso gerade so. Was teilt er mit dem Gesagten »eigentlich« mit? Was sagt es über ihn aus? Hier ist eine wichtige Aufgabe für den Moderator »versteckt«. Es macht nämlich schon einen Unterschied, ob ein »Korinthenkacker« sich über Unordnung beschwert oder ein »Chaot«!

Zudem kann Konfliktklärung nur gelingen, wenn die Kontrahenten auf einer Ebene der »wahren Begegnung« miteinander kommunizieren. Sie kann nur erfolgreich sein, wenn die bestehenden seelischen Kratzer, Narben und Wunden offen zur Sprache kommen. Auch hier ist der Moderator gefragt. Er muss versuchen, herauszuhören, ob eine Aussage authentisch und glaubwürdig ist. Er muss auch hören, was »zwischen den Zeilen« steht und was mit dem Gesagten (möglicherweise auch) gemeint war.

Begegnen sich die Konfliktparteien auf einer Ebene des »Als ob«, antworten sie also immer so, als wäre nur die Sachbotschaft gesendet worden, und gehen damit der Konfrontation aus dem Weg, ist der Moderator aufgerufen, dies anzusprechen. Die geeigneten Techniken hierfür sind die »Feedback-Technik« und die Technik des »Doppelns«. Beide werden im Folgenden erläutert.

> *»Was Peter über Paul sagt, sagt mehr über Peter als über Paul!«*
>
> René Descartes

Die erste »Zuhörhilfe« ist allerdings das »Verbalisieren«, das Aussprechen von Gefühlen. Sagt beispielsweise Partei A zu Partei B etwas, wie: »Das ist doch nicht o.k.! Du hast mich über dreißig Minuten warten lassen. Ich steh mir die Füße platt und du trinkst in Ruhe Kaffee. Da hätte ich ja gut noch ein Telefonat erledigen können – oder zwei. So geht man nicht miteinander um!«, kann der Moderator über aktives Zuhören hinaus die Gefühle verbalisieren und die Situation genauer beleuchten, indem er sagt: »Mhm, Sie hatten das Gefühl, sich die Füße plattzustehen und kamen sich im Stich gelassen vor, ist es das?«

Gefühlen Ausdruck verleihen

»A« wird das Gesagte aufgreifen, bestätigen oder berichtigen. Der Moderator erreicht dadurch aber mit hoher Wahrscheinlichkeit den Wechsel von der Sach- auf die Gefühlsebene, und das ist es, worauf es ankommt. Aus anklagenden DU-Aussagen müssen mitteilende ICH-Aussagen werden.

»Und Sie hatten das Gefühl, sich die Füße plattzustehen?«

Zentrale Zuhör-Techniken im Überblick

Passiv

- Zugewandte Körperhaltung.
- Offene Körperhaltung, keine verschränkten Arme ... wenn es passt, eher dem Gegenüber ähnlich.
- Blickkontakt halten und dem anderen immer wieder in die Augen schauen.
- Neutraler Gesichtsausdruck, kein Lächeln aufsetzen, um freundlich zu wirken.

Aktiv

- Bestätigen: Mit aha, mhm, o.k. ... immer wieder bestätigen, dass die Botschaft angekommen ist.
- Nachfragen: »Hab ich das richtig verstanden, das war so, dass Sie ...« – »Und was ist dann passiert?«
- Paraphrasieren: Das Gesagte mit eigenen Worten wiedergeben, um sicherzustellen, mit dem Verstehen nicht »völlig danebenzuliegen«.
- Verbalisieren: Mit eigenen Worten wiedergeben, was man glaubt, wie sich der Sprecher in der entsprechenden Situation wohl »gefühlt haben muss«.
- Zusammenfassen: »Bei dir ist also letzten Endes der Eindruck geblieben, dass ... Und es geht dir jetzt vor allem darum, dass ...!?«

> *»Der beste Weg, einen Menschen zu ehren, ist, ihm zuzuhören.«*
>
> ANTOINE DE SAINT-EXUPÉRY

C) Die Feedback-Technik in der Konfliktklärung

Feedback ist eine Rückmeldung darüber, wie das Verhalten einer Person auf eine andere Person wirkt. A »spiegelt« B dessen Verhalten. Ein alltäglicher Vorgang – allerdings meist mit massiven »Schönheitsfehlern«.

Während ein Spiegel in der Lage ist, das, was ist, für den Betrachter zwar seitenverkehrt, aber inhaltlich 1:1 korrekt wiederzugeben, verändern wir Menschen die Information. Objektivität ist uns (besonders in sozialen Bezügen) nicht möglich. Dieses »Spiegeln« ist meist ein Angriff, weil der Sprecher nicht in der Lage und/oder willens ist, subjektiv und »fehlertolerant« – oder wie Marshall Rosenberg es nennen würde – »gewaltfrei« zu kommunizieren (vgl. Rosenberg).

Menschen verletzen einander oft durch ihre »Informationen«, weil sie das, was sie empfinden, als objektiv und richtig annehmen und nicht wissen oder bedenken, dass ihre Sicht der Dinge immer nur **eine** mögliche Sicht ist. Dies klarzumachen und darauf zu achten, dass keine weiteren Verletzungen entstehen, ist eine der zentralen Aufgaben des Moderators in der Konfliktklärung.

Dazu ist darauf zu achten, dass Rückmeldung nach dem – wie ich es nenne – »**3F**-Schema« (Fakten, Folgen, Fragen) gegeben wird. Der Empfänger wird so nicht angegriffen und hat keine Not, sich zu verteidigen. Die Mitteilung wird eher verstanden und angenommen:

- **Fakten:** Der Sprecher schildert, was er beobachtet hat, und verzichtet dabei auf jede Bewertung. Er nennt lediglich »Zahlen – Daten – Fakten«. Hier sind Vermutungen und Einschätzungen fehl am Platz und Vorwürfe, Forderungen oder Wünsche unzulässig. Es geht einzig um die Nennung überprüf- und belegbarer Tatsachen.

»Ich habe gesehen, dass du …«, »Ich habe gehört …«, »Mir ist aufgefallen, dass …«

- **Folgen:** Im zweiten Schritt geht es darum, zu schildern, was das, was im ersten Schritt geschildert wurde, für den Sprecher bedeutet, was es bei ihm auslöst. Auch hier geht es nicht darum, Vermutungen, Vorwürfe oder Forderungen zu formulieren, sondern allein darum, welche Folgen das unter »Fakten« geschilderte Verhalten hatte.
  »Das macht mich unsicher, weil …«, »Ich weiß dann nicht, ob …«, »Ich fühle mich dann hilflos, weil …«

- **Fragen:** Jetzt folgt die Frage, wie der Angesprochene das sieht. Kann er das Gesagte nachvollziehen, kann er es verstehen? »Sieht« er, was passiert, wenn er sich wie berichtet verhält, und wieso es dann zu Schwierigkeiten kommt? Wie steht er dazu? Was geht in ihm vor? »Was denkst du, wenn du das hörst?«, »Wie siehst du das?« Oder schlicht: »Was sagst du dazu?«

So zu sprechen ist im Alltag unüblich, und nur professionelle Kommunikatoren sind darin geübt. In aller Regel werden stattdessen Anspielungen gemacht, Ansprüche formuliert, Vorwürfe erhoben …

Damit die Kommunikation im Konflikt-Workshop geordnet verläuft, muss der Moderator den Dialog entschleunigen und darauf achten, dass das 3F-Schema eingehalten wird! Dazu stellt er Fragen, wie:

Zu F1: »Was ist konkret geschehen?«, »Was haben Sie gesehen? Was haben Sie gehört?«, »Wer hat wann was gesagt?«

Zu F2: »Wie ist es Ihnen damit ergangen?«, »Was hat das bei Ihnen ausgelöst?«, »Was ist da bei Ihnen entstanden?«

Zu F3 (zur Gegenpartei): »Wie ist das aus Ihrer Warte?«, »Wie haben Sie das erlebt?« Oder einfach: »Was sagen Sie dazu?«

Ziel ist, dass die Botschaft beim Empfänger ankommt, dass das Gesagte verstanden wird und dadurch Klarheit entsteht, worin die Ursachen des Konflikts liegen, was ihn stützt und nährt.

Gelingt es einer Konfliktpartei nicht, ihre Gefühle auszusprechen, und bleibt sie in sachlicher Argumentation hängen oder kommt über Vorwürfe nicht hinaus ... wird der Moderator zur Intensivierung des Dialoges das »Doppeln«* einsetzen. Ziel ist es, dass ein wahrer Dialog möglich wird – jenseits von Wut und Enttäuschung, Unverständnis und Schuldzuweisung.

Notfalls das »Doppeln« einsetzen!

* »Doppeln« ist eine Technik aus dem »Psychodrama« nach Moreno und eine zentrale Technik der Konfliktklärungshilfe.

D) Doppeln

Ziel des Konfliktdialogs ist, die emotionalen Kratzer, Narben und Wunden aufzudecken und besprechbar zu machen, die sich die Konfliktparteien zugefügt haben. Hier ist die Quelle, die den Konflikt mit Energie versorgt. Auch wenn die Verletzungen schon Monate oder gar Jahre zurückliegen, ist hier die heiße Lava mit ihrer zerstörerischen Energie zu finden, die der Konfliktvulkan ausspuckt.

Kommen die Konfliktparteien nicht »in die Tiefe« und reicht der Einsatz der Feedback-Technik nicht aus, kann der Moderator »doppeln«. Das Doppeln ist eine Technik, die – richtig angewandt – den Dialog intensiviert und in die Tiefe führt. Verweilen die Konfliktparteien in ihren Aussagen auf der Sachebene und vermeiden das An- und Aussprechen von Gefühlen, so bleibt der Dialog oberflächlich. Um im Bild zu bleiben, schleichen die Gesprächsparteien dann wie der Vulkanologe um den heißen Krater.

Sind die Äußerungen der Konfliktparteien sachlich, distanziert, »verkopft« (ES-Aussagen) oder voller Vorwürfe und Anklagen (DU-Aussagen), kann der Moderator den Dialog intensivieren, indem er für die Konfliktparteien ausspricht, was diese auszusprechen vermeiden (ICH-Aussagen).

Doubeln

Der klassische Begriff »Doppeln«* ist eigentlich ein irreführender Begriff, da man ja nichts ver-doppeln will. Es ist eigentlich eher ein »Doubeln«, denn als Konfliktmoderator stelle ich mich – für eine kurze Klärungsphase – in die Schuhe des andern und will …

a) klären, ob ich richtig vermute/erspüre, dass da etwas Bestimmtes nicht ausgesprochen wird,

b) klären, ob das, was da nicht gesagt wurde, vom »Gedoubelten« angenommen werden kann und für ihn relevant ist,
c) klären, ob es einen Unterschied macht, wenn es ausgesprochen wurde,
d) erhellen, worum es jetzt auch oder »eigentlich« geht,

... und so die Konfliktklärung intensivieren und voranbringen.

Nicht jeder kann Gefühle klar benennen

Das »Doubeln« ist ein Klären im engeren Sinne, es ist eine »Nachhilfe« im Aussprechen von Gefühlen, eine Aufforderung, seine Enttäuschungen und Verletzungen und damit seine Wünsche und Bedürfnisse zu äußern.

Ziel und Richtung des »Doubelns«

Wahrnehmungen führen zu **Vermutungen**. Das Verhalten und die Person(!) werden bewertet/abgewertet. Bewertung/en haben dann konkrete Folgen, und zwar emotional und verhaltensmäßig.

Das Doubeln setzt dort an, wo:

- Wahrnehmungen / Ereignisse nicht vollständig oder eindeutig ... benannt werden.
- Vermutungen unausgesprochen oder vage bleiben.
- Verhalten negativ bewertet wird.
- Folgen für das Miteinander nicht benannt werden; weder die Gefühle noch die Reaktionen darauf erklärt werden.

Methodisch geht das so, dass der Moderator für eine Konfliktpartei spricht und dabei das, was seiner Wahrnehmung nach hätte gesagt werden müssen, aber (wiederholt) nicht gesagt wurde, ausspricht. Dazu begibt er sich neben die Person, für die er sprechen möchte, und spricht dann von dieser Position aus so zum Gegenüber, als würde die Person selbst sprechen (siehe auch Beispiel, Seite 73 ff.).

Die Schritte dazu sind folgende:

1. Der Moderator fragt Person »A«, ob er stellvertretend für diese etwas sagen darf:
   »Darf ich kurz zu Ihnen kommen und etwas an Ihrer Stelle (in Ihrem Namen/für Sie) sagen, und Sie sagen dann, ob das so stimmt (korrekt ist/zutrifft)!?«

2. »A« hat keinen Grund abzulehnen und stimmt zu.

3. Der Moderator steht auf, stellt sich neben »A« und geht ggf. in die Hocke.

4. Er wendet sich »B« zu und sagt, was (seinem Empfinden nach) »A« zu »B« hätte sagen müssen:
   »Das hat mich damals sehr verletzt. Ich fühlte mich im Stich gelassen, und das belastet mich heute noch. Das war für mich ...«

Abb. 15 – »Doubeln«

5. Danach fragt der Moderator »A«, ob das so stimmt, ob er ihm damit »aus der Seele gesprochen« hat:
   »Stimmt das so?« Oder: »Stimmt das?«

6. Wenn der Moderator ins Schwarze getroffen hat, wird »A« das Gesagte bestätigen und ggf. ergänzen.

7. Hat »A« das Gesagte bestätigt, setzt sich der Moderator wieder auf seinen Platz, wendet sich »B« zu und fragt diesen:
   »Was sagen Sie dazu?«

Er nimmt damit den roten Faden des Dialogs wieder auf und tut dabei so, als hätte das, was er gerade für »A« gedoubelt hat, dieser selbst zu »B« gesagt.

8. »B« antwortet »A« direkt.

9. Jetzt leitet der Moderator den Dialog zwischen »A« und »B« weiter, »als wäre nichts gewesen«.

Stimmt der Gedoubelte der vom Moderator angebotenen Aussage nicht zu, so kann der Moderator mit einer kurzen Frage, wie »Sondern?«, »Aber?« oder »Wie denn?«, den Betroffenen dazu bringen, seine eigene Version nachzuliefern. Die Verhärtung ist trotzdem aufgebrochen. Das Doubeln hat die Qualität des Dialogs verändert. Der Fahrstuhl ist quasi nach unten gefahren, direkt auf die Beziehungs- oder Gefühlsebene.

Arten des Doubelns

Ziel des Doubelns ist, den Dialog durch Emotionalisierung zu intensivieren. Doubeln ist also immer ein »vertiefendes Doubeln«. Man kann aber auf unterschiedlichste Art und Weise doubeln, wie etwa:

- Erklärendes Doubeln:
  Bei dieser »Hauptform« des Doubelns werden Gefühle »erklärt«. Welche Gefühle sind bei mir entstanden? Worunter leide ich in unserem Miteinander (besonders)? Wann und wodurch ist diese Belastung entstanden?
  »Ich fühlte mich von dir ausgenutzt, als du …«
  »Ich wusste nicht, ob ich mich noch auf dich verlassen kann, weil …«
  »Dein Verhalten hat mir verdammt Angst gemacht, wegen …«

- Provozierendes Doubeln:
  Reagiert das Gegenüber nicht auf den »Seelenstriptease« des erklärenden Doubelns und bleibt sachlich-distanziert, so muss man eventuell »andere Geschütze« auffahren. Hier kann gezielte Provokation helfen:
  »Ich glaub' dir kein Wort!«, »Du fühlst dich tief verletzt und willst dir das nicht eingestehen!«, »Du würdest mir gegenüber doch nie zugeben, dass ...!«

- Selbstreflektierendes Doubeln:
  Ist es dem Gesprächspartner im Moment nicht möglich, sich zu öffnen, kann selbstreflexives, »lautes« Denken helfen:
  »Ich frage mich, was ich wohl falsch gemacht habe, ich hab doch immer versucht, durch ...«

- Selbstanklagendes Doubeln:
  Eine Selbstanklage kann helfen, wenn ein Teilnehmer nicht in der Lage ist, Schuld einzugestehen:
  »Ich bin doch ein Idiot ... muss ja verletzend gewesen sein, und ich konnte das in der Situation einfach nicht sehen. Ach, bin ich blöd!«

Vorsicht, Falle!

Doubeln ist eine wertvolle Technik, die aber auch ihre Gefahren birgt. Typische Fallen sind:

Aussagen als »wahr« behandeln

Der Moderator darf seine Aussage nicht mit Aussagen verwechseln, die die Konfliktparteien persönlich gemacht haben. Das Gedoubelte ist nichts weiter als ein Angebot und muss auf Richtigkeit überprüft werden! Daher muss der Moderator nach jedem Für-den-anderen-Sprechen seine Aussage überprüfen. Er fragt dazu nach jeder Aussage, ob das Gesagte für den Gedoubelten schlüssig ist. Die Frage dazu lautet ganz einfach: »Stimmt das (was ich gesagt habe)?«

Stimmt der Gefragte nicht unmittelbar und eindeutig zu, so bedeutet dies ein klares Nein! Und der Moderator fordert den Betroffenen auf, seine Gedanken mit eigenen Worten zu formulieren. Dazu fragt er: »Sondern?«, »Wie stimmt es?« Oder auch: »Wie würden Sie es formulieren?«

Zu früh doubeln

Doubeln kann man erst einsetzen, wenn schon etwas gesagt wurde. Der Moderator darf nicht der Erste sein, der sich äußert. Gedoubelt wird, was nicht ausgesprochen wird/wurde. Dazu muss man aber erst abwarten, was gesagt und was nicht gesagt wird und gesagt werden sollte ...

Zu oft doubeln

Doubeln ist kein Selbstzweck. Doubeln ist »Nachhilfeunterricht im Ausdrücken von Gefühlen«. Wenn es sich anbietet, zu doubeln, dann sollte man das tun, aber nicht zu oft für dieselbe Partei.

Im generellen »Zu oft« liegt die Gefahr, dass sich die Gesprächsparteien gegängelt fühlen. Im »Zu oft für eine Seite« liegt die Gefahr, vom Gegenüber als parteiisch wahrgenommen zu werden. Also: Weniger ist mehr!

»Doubeln light« – vom Platz aus doubeln

Liegt einem das Doubeln nicht, oder der Teilnehmer möchte nicht gedoubelt werden, so kann man alternativ vom eigenen Platz aus »indirektes Doubeln« verwenden.

Hierzu bleibt der Moderator auf seinem Platz sitzen und bringt sich rein verbal in die Rolle des »Doubels«. Dies gelingt durch eine Modifikation oder Erweiterung der Gesprächstechnik »Aktives Zuhören« und kann etwa so klingen: *»Wenn ich Sie richtig verstehe, dann würden Sie sagen (jetzt zum Gegenüber gewandt): ›Lieber Udo, als du sagtest ... fühlte ich mich ...‹«* Dann wendet man sich an den Gedoubelten und hängt sofort ein *»Stimmt das?«* an.

Jetzt ist der Gedoubelte aufgefordert, zu prüfen, ob das so stimmt. Wenn ein *»Ja!«* kommt, fragt der Moderator die andere Partei: *»Was sagen Sie dazu?«* Und der Dialog läuft weiter ...

Man kann auch vom Platz aus doubeln!

E) Visualisierungsmethoden zur Sacharbeit

Wenn Zeit ist, können auch Sachthemen bearbeitet werden.

In aller Regel werden in der Sammelphase der Konfliktbearbeitung auch Sachthemen benannt, die einer Bearbeitung bedürfen. Häufig ist nicht die Zeit dafür, und diese Themen müssen vertagt werden. Lässt der Zeitrahmen eine Bearbeitung aber zu, so bietet es sich an, aus dem Methodenrepertoire der »normalen Moderation« zu schöpfen (vgl. Seifert 1). Dabei geht es um eine methodische Ergänzung in Schritt 4 »Bearbeiten«, der Schritt 5 »Planen« bleibt wie dargestellt.

Eine Methode, die zur »hemdsärmeligen« Bearbeitung von Sachthemen meistens völlig ausreichend ist, ist die »Zwei-Felder-Tafel«.

Zwei-Felder-Tafel

Die »Zwei-Felder-Tafel« ist eine sehr einfach anzuwendende Methode. Sie dient dazu, Probleme zu spezifizieren und Lösungsideen zu formulieren.

Vorteil: Die »Zwei-Felder-Tafel« gibt eine klare Struktur vor und ermöglicht ein schnelles, erstes Bearbeiten einer Thematik. Sie ist sehr einfach zu handhaben.

Nachteil: Die Betrachtung wird auf die vorab gewählten Gesichtspunkte eingeengt und das Thema wird möglicherweise nicht sehr »tief« bearbeitet.

Wie wird's gemacht?

Der Moderator stellt der Gruppe eine »Zwei-Felder-Tafel« vor. Die Benennung der einzelnen Felder (z.B. durch Fragen) hängt von dem zu bearbeitenden Thema und der jeweiligen Zielsetzung der Gruppenarbeit ab. In aller Regel sind als Spaltenüberschriften die Fragen »Worin genau besteht das Problem?« und »Was könnten wir zur Problemlösung unternehmen?« gut geeignet. Wichtig ist, dass die Teilnehmer zu möglichst konkreten Antworten angehalten werden.

Für Sachthemen eignet sich gut die Zwei-Felder-Tafel

Die Teilnehmer beantworten die Frage des jeweiligen Feldes auf Zuruf. Der Moderator steuert den Prozess und hält die Antworten auf der Tafel fest.

Hinweis: Dieses Schema eignet sich sehr gut zum Einsatz für eine Kleingruppenarbeit, wenn simultan in kurzer Zeit erste Gedanken zu einem Thema (oder auch zu unterschiedlichen Themen) entwickelt werden sollen, um diese dann im Plenum weiterzubearbeiten. Hier bietet es sich an, die Sachthemen etwa für die Dauer einer Stunde arbeitsteilig in Kleingruppen zu bearbeiten und dann im Plenum zu Arbeitsaufträgen/Maßnahmen zu »vervollständigen«.

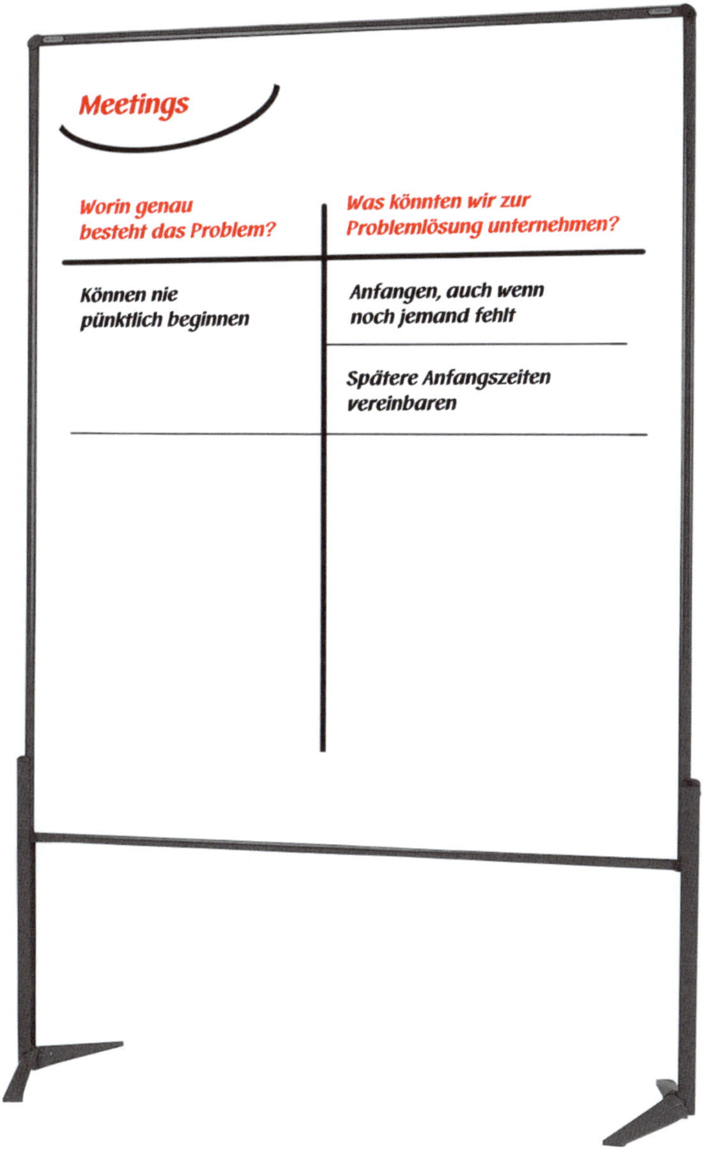

Abb. 16 – »Zwei-Felder-Tafel«

Problem-Analyse-Schema (PAS)

Diese Methode ist für eine intensive Bearbeitung eines Themas geeignet. Sie dient dazu, ein gewähltes Thema genauer zu beleuchten, ein Problem in Teilaspekte zu zergliedern und systematisch zu beschreiben, um Lösungsansätze und auch gleich mögliche Hürden bei der Problemlösung herauszuarbeiten.

Vorteil: Das PAS gibt eine klare Struktur für die Arbeit der Gruppe vor und fördert das Generieren vieler Informationen.

Nachteil: Die Handhabung des Schemas ist nicht ganz einfach und deutlich zeitaufwendiger als die Zwei-Felder-Tafel.

Wie wird's gemacht?

Das PAS fördert das Generieren vieler Informationen

Der Moderator stellt der Gruppe das auf einer Pinnwand vorbereitete Problem-Analyse-Schema (PAS), eine vierspaltige Tabelle, vor. Die Benennung der einzelnen Spalten ist durch Fragen vorgegeben. Die Teilnehmer beantworten die jeweilige »Spaltenüberschriftsfrage« auf Zuruf. Der Moderator steuert den Prozess und hält die Antworten auf dem PAS fest.

Hinweis: Die logische Struktur, die dieser Methode zugrunde liegt, ist eine Baumstruktur. Deshalb verbietet es sich, in einer der ersten Spalten sofort »nach unten« zu arbeiten. Um eine übersichtliche Darstellung zu erreichen, wird eine Nennung in die erste Spalte eingetragen und diese dann ganz nach rechts weiterverfolgt. Danach wird quasi »von rechts nach links« gearbeitet. Beim zweiten Punkt folgt dann dasselbe Spiel …

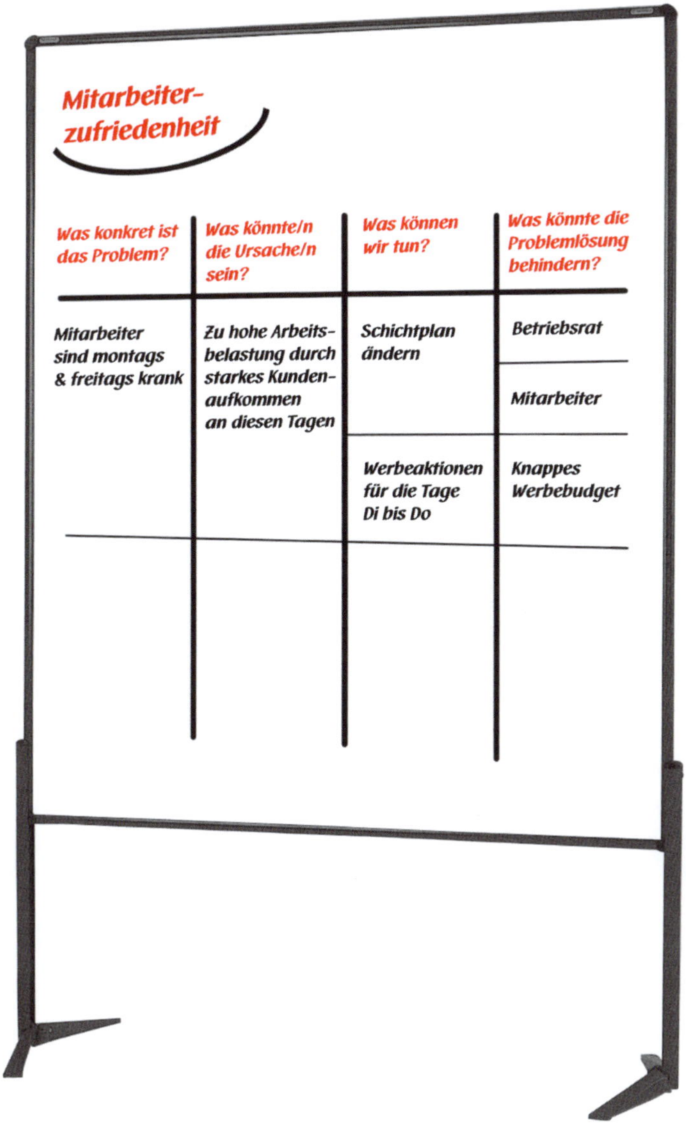

Abb. 17 – Problem-Analyse-Schema

Theoretischer Background

Konfliktmoderation ist ein Handwerk, für dessen Ausübung man ein Set an Basistheorien zur Verfügung haben sollte, um den Prozess der Konfliktklärung zu ordnen und zu strukturieren.

Diese helfen etwa zu verstehen, aus welchem Grund jemand im Konfliktdialog (vermutlich) so argumentiert, wie er argumentiert, und was im Einzelfall eine hilfreiche Intervention sein könnte. Zudem sind sie eine gute Hilfe zur Selbstreflexion, um eine Idee davon zu bekommen, wie man selbst »tickt«. Das hilft, der eigenen Parteilichkeit vorzubeugen – um hier der »Wahrheit« näherzukommen, ist allerdings dringend angeraten, sein Selbstbild mit dem einen oder anderen Fremdbild abzugleichen …

Konfliktmoderation ist ein Handwerk, für dessen Ausübung man ein Set an Basistheorien zur Verfügung haben sollte

Man muss sich bei der Nutzung von Theorien freilich immer darüber im Klaren sein, dass diese nicht beschreiben, wie die Dinge sind. Theorien sind Sichtweisen, mehr oder weniger plausibel, mehr oder weniger »bewiesen«. Letztlich ist eine Theorie ein »Denkzeug«, vergleichbar einem Werkzeug, das so viel taugt, wie es für die Lebenspraxis nützt.

Im Folgenden sind einige Theorien skizziert, die sich als Wahrnehmungs- und Interventionshilfen für die Praxis der Konfliktmoderation bewährt haben. Die dargelegten Gedanken bilden kein »schlüssiges Theoriegebäude«, sondern einen Werkzeugkasten mit sich ergänzenden »Denkzeugen«.

Hierzu gehören das »Kern-Schalen-Modell« nach Samuel Widmer, die »Grundformen der Angst« nach Fritz Riemann, das Modell der »Traumen« nach Nossrat Peseschkian, das Konzept der »Abwehr« nach Sigmund Freud sowie ergänzend die »pragmatischen Axiome« von Paul Watzlawick.

Der Ausgangsgedanke: Jeder wird auf seinem ganz individuellen Weg des Erwachsenwerdens Rückschläge erleben, wird enttäuscht werden, gedemütigt, vielleicht auch Schlimmeres ... Jeder Mensch wird im Laufe seines Erwachsenwerdens psychische »Verletzungen« erleiden, seelische Wunden, Kratzer und Narben mit sich tragen, die ihn zum Teil ein Leben lang begleiten. Durch die individuellen Lernerfahrungen und die Schlüsse, die wir daraus für uns ziehen, sowie das am eigenen Leib erfahrene Leid, entsteht einerseits eine ganz individuelle Art des »In-der-Welt-Seins«, was wir als Charakter bezeichnen, und andererseits entstehen dadurch auch ganz persönliche »empfindliche Stellen«, die nicht berührt werden dürfen, unsichtbare »rote Knöpfe«, derer wir uns oft gar nicht bewusst sind. So führt vielleicht eine in der Kindheit als ungerecht erlebte oder/und unangemessen harte Strafe wegen Unpünktlichkeit dazu, dass jemand aus innerem Protest im Erwachsenenleben absichtlich, aber unbewusst, stets und ständig zu spät kommt, oder dazu, dass für diesen Menschen Pünktlichkeit extrem wichtig ist oder Genauigkeit einen extremen Wert hat, ohne dass er sagen könnte, wieso das so ist.

In der Konfliktklärung kommen wir mit beiden Aspekten in Berührung: Einerseits damit, dass nun mal jeder »seine Art« hat und der andere oft nicht verstehen – und vor allem nicht nachfühlen – kann, wieso der eine sich so und nicht anders verhält, aus welchem Grund jemandem dieses oder jenes so wichtig ist, wie der andere »tickt«. Und andererseits auch damit, dass »rote Knöpfe« gedrückt wurden. Hinzu kommt, dass wir im Umgang miteinander kontinuierlich »Kommunikationsfehler« machen. Aber der Reihe nach ...

Widmers Kern-Schalen-Modell

Der Mensch kommt als absolut unschuldiges, lebensbejahendes, völlig schutzloses, auf Überleben programmiertes Wesen auf die Welt. Er braucht von Anfang an Nahrung und Pflege, Wärme und Zuwendung – kurz: »die anderen«. Im Laufe des Heranwachsens erlebt der kleine Mensch, dass diese anderen, in der Regel die Eltern, ganz im Gegensatz zu ihm selbst scheinbar »alles können«, »alles wissen« und »alles dürfen«. Er erlebt sich selbst zwangsläufig als klein und abhängig, weniger potent und weniger wert.

Dieses Erleben des eigenen Unvermögens, der eigenen »Minderwertigkeit« und der Abhängigkeit vom Wohlwollen der anderen gräbt sich so tief in sein Gedächtnis und seine Seele, dass es nie mehr völlig verblassen wird. Je nach persönlicher Situation und individueller Verarbeitung bleibt ein mehr oder weniger tiefes, diffuses Minderwertigkeitsgefühl und Wissen um die Abhängigkeit von »den anderen«. Alfred Adler (vgl. Adler) spricht in diesem Zusammenhang davon, dass der erwachsene Mensch zudem seine Bedeutungslosigkeit im kosmischen Zusammenhang begreift, seine Kleinheit, Begrenztheit und Ohnmacht, und dass dieses Wissen das Minderwertigkeitsgefühl verstärkt. Zur Kompensation streben wir danach, einen »sicheren Platz« im Leben zu erlangen und zu erfahren, dass wir für lebenswert und liebenswert gehalten werden, dass wir »dazugehören« und uns »nichts mehr passieren« kann, was freilich eine Fiktion bleiben muss.

Jeder Mensch erfährt Verletzungen

Erschwerend kommt hinzu, dass – wie umsichtig und wohlwollend Eltern, Erzieher, Lehrer, Freunde usw. auch immer sein mögen, wie intensiv das Bemühen um Zuwendung und Wertschätzung auch ausfällt – niemand vor Geboten und Verboten, Beschränkungen und Strafen, Ungerechtigkeit und Ohnmacht bewahrt werden kann. Jeder Mensch wird im Laufe des Erwachsenwerdens Misserfolg, Zurückweisung, Enttäuschung, Einsamkeit und Schmerz erleben und Verletzungen der Seele zurückbehalten, die dann zum einen Teil »vernarben« und zum anderen Teil »sensible Stellen« hinterlassen. Teilweise werden diese Ereignisse vergessen, teilweise verdrängt, teilweise ein Leben lang erinnert.

Wir speichern aber nicht nur den Schmerz ab, den wir in der entsprechenden Situation erleiden mussten, sondern auch den Kontext, das ganze »Drumherum«. Vielleicht speichern wir den Ort, das Wetter, den Geruch, die Stimmen, die Geräusche, die Stimmung. Das führt dazu, dass alte Gefühle auch wachgerufen werden können, wenn wir an etwas erinnert werden, das wir im Zusammenhang abgespeichert haben. Man kann sich das vorstellen wie den »Bohnerwachseffekt«. Man betritt einen Raum, und es riecht nach Bohnerwachs: Schlagartig wird die Erinnerung wach, die wir damit verknüpfen. Man steht plötzlich im Klassenzimmer der Grundschule ... Einen ähnlichen Effekt können Gesten oder Worte haben.

Jeder von uns hat solche »Erinnerungsknöpfe«, die, einmal gedrückt, in Sekundenbruchteilen die Gefühlswelt einer vergangenen Zeit aufleben lassen. Neben den goldenen Knöpfen, die an gute Erinnerungen anknüpfen, gibt es eben auch rote Knöpfe, auf die niemand drücken darf, weil dadurch der alte Schmerz in Erinnerung gerufen wird.

Davor, dass jemand so einen roten »Weh-Knopf« drückt, versuchen wir uns zu schützen, indem wir »Sicherungsschichten« aufbauen. Wir tragen quasi einen hautengen, hautfarbenen Schutzanzug, der den anderen gar nicht auffällt und sie glauben lässt, sie würden uns echt und authentisch sehen – ganz so, wie wir sind. In Wirklichkeit sehen sie nur das, von dem wir glauben, dass wir es zeigen sollen, und nur das, was wir zeigen wollen (Anpassung). Von außen sieht man nur diese »öffentliche Person«. Unter diesem Schutzanzug tragen wir – für den Fall, dass uns jemand zu nahe kommt – ein Kettenhemd (Abwehr). Erst darunter liegt unsere empfindsame, echte Haut (Schmerz) – mit ihren Kratzern und Narben, die nicht berührt werden sollen. Diese wirkliche Haut umgibt und schützt das Innerste, unseren weichen Kern (vgl. Abb. 18, Seite 121).

Wenn jemand sagt »Das hat mich bis ins Mark getroffen!«, so meint er damit »Das hat mein Innerstes berührt. Das hat mich, durch mehrere Schichten hindurch, tief verletzt, das hat meinen Kern getroffen. Das hat meine Anpassungsschicht durchschlagen, meine Abwehr überwunden und meine den Wesenskern umgebende Schmerzschicht erreicht.«

Die Schichten kurz und bündig:

Anpassung

Die äußerste Schicht ist die Alltagsschicht. Wir zeigen uns auf unsere individuelle Weise, mit den für uns typischen Charaktereigenschaften, die jeder sehen kann. Wir zeigen die Verhaltensweisen, mit denen wir erfahrungsgemäß gut durchs Leben kommen.

Abwehr

Wir aktivieren Abwehrgefühle, wenn die Gefahr droht, dass jemand einen roten Knopf drückt, oder jemand versehentlich einen gedrückt hat. Wir schützen uns durch Unverständnis, Überheblichkeit, Wut, Empörung, Anklagen … davor, jemanden zu nah an uns heranzulassen, weil Nähe immer auch Verletzlichkeit bedeutet. Im Konflikt agieren wir mit unserem Verhaltensrepertoire aus dieser Schicht.

Schmerz

Hier sind die Verletzungen, die seelischen Kratzer, Narben und Wunden versteckt. Wir versuchen, sie zu schützen, so gut es geht. Die »alten Sachen« sollen möglichst nicht wieder hochkommen, nicht wieder (voll) bewusst und vor allem nicht noch einmal gespürt werden müssen.

Kern

Im Kern ist »das Auge des Orkans«. Hier ist es ganz still, absolute Ruhe. Kein Argwohn, kein Neid, keine Angst. Ein Raum, den man nur für kurze Zeit betreten kann, vielleicht in einem Moment tiefster Entspannung, wenn man ganz »im Flow« ist oder im tiefsten Glück, in Momenten der Erleuchtung.

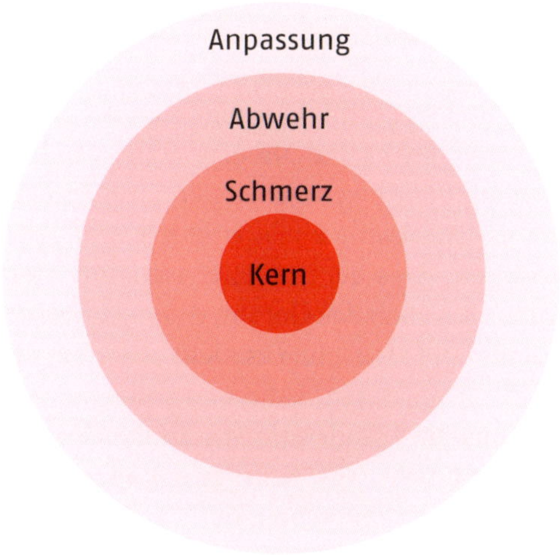

Abb. 18 – Kern-Schalen-Modell

Im **Konfliktdialog** geht es prinzipiell darum, die »Hidden Feelings«, die verdeckten, verletzten Gefühle, die dem Konflikt Nahrung geben, aufzudecken und besprechbar zu machen. Diese liegen in der Schmerzschicht und sind nicht offensichtlich. Was die Konfliktparteien freiwillig zeigen, ist die angepasste »Alltagsschicht« oder die aggressive »Abwehrschicht«, nicht aber die verletzten Stellen. Sie wehren sich dagegen, den Schmerz zuzulassen, indem sie um den Konflikt herumreden: »Nein, nein, wir kommen im Prinzip schon ganz gut klar.« (Anpassung) oder den anderen anklagen: »Nein, mit dir kann man nicht klarkommen, keiner kommt länger mit dir aus!« (Abwehr)

Diese Äußerungen sind »Türsteher der Schmerzschicht«. Abwehrende Gefühle, die verhindern sollen, dass wir die Gefühle, die wir nicht haben wollen, nämlich die Schmerzen, spüren. Abwehrende Gefühle, wie Wut, Enttäuschung, Verachtung, geben dem einen Schuld und sprechen den anderen frei. Sie schaffen Ungleichheit und Distanz und entlasten den Sprecher vordergründig. Da sie aber verhindern, dass der Schmerz ausgesprochen und gefühlt wird, da er nicht offengelegt wird, kann er auch nicht bearbeitet werden.

Abwehrende Gefühle, wie Wut, Enttäuschung, Verachtung, geben dem einen Schuld und sprechen den anderen frei

Als Moderator in der Konfliktklärung muss man sich klar darüber sein, dass aggressives Verhalten, wie etwa Anklagen, Sarkasmus und Wut, aus der Abwehrschicht kommt. Jemand hat bei einem anderen (wiederholt?) einen »roten Knopf gedrückt« oder jemand hat Angst, dass bei ihm eine »sensible Stelle« berührt werden könnte. Hat man das Gefühl, dass »Abwehr-Ping-Pong« gespielt wird und die Menschen es nicht schaffen, über ihre verletzten Gefühle zu sprechen, kann und sollte man dies über die Kommunikations- und Moderationstechniken Fragen, Zuhören, Feedback und Doubeln (vgl. Seite 90 ff.) ansprechen und den Kontrahenten Gelegenheit geben, tiefer zu gehen.

Im Kern geht es letztlich immer darum, nicht für liebenswert – oder gar lebenswert – erachtet worden zu sein. Es geht um »die Würde des Menschen«. Die Verletzungen dieses »letzten Prinzips« können sehr leicht sein, aber auch krass. Sie können durch direkte Einwirkung, aber auch dadurch entstanden sein, dass jemand (versehentlich) einen roten Knopf gedrückt hat.

Der Weg, um diese Verletzungen offenzulegen, führt über Formulierungen, die der Moderator einsetzen kann, wie: Ich fühle mich nicht gesehen, nicht geliebt, nicht gewürdigt, missverstanden, hängengelassen, ungerecht behandelt, ausgestoßen, gedrängt, ausgegrenzt, ausgenutzt, verachtet, verletzt, beschämt, nicht gesehen, ohne Kontakt zu dir.

Dabei geht es in der Konfliktklärung nicht darum, zu ergründen, wieso jemand an dieser oder jener Stelle einen »roten Knopf« hat. Das wäre therapeutische Arbeit. Es geht einzig darum, Verletzungen aufzudecken, besprechbar zu machen und, wenn möglich, einen adäquaten Umgang damit zu (er)finden.

»... nein, nein, ich habe keinen roten Knopf!«

Riemanns Grundformen der Angst

Um Menschen – über ihr Grundbedürfnis nach Zugehörigkeit hinaus – in ihrer ganz persönlichen Art, die Welt zu sehen, zu empfinden und zu gestalten, verstehen zu können, ist die Typologie des Münchner Psychologen Fritz Riemann sehr hilfreich. Besonders deshalb, weil sie mit nur vier Dimensionen auskommt und so ein pragmatisches Beobachtungsraster bereitstellt. Riemann nimmt als Kondensationskern für seine Persönlichkeitstypologie den Umgang mit der Angst, den jeder Mensch lernen muss. Angst ist ein Gefühl, das der Mensch zum Überleben braucht. Er muss Gefahren als solche erkennen und durch Flucht oder Verteidigung darauf regieren. Fritz Riemann teilt die Angst – die vom Menschsein nicht zu trennen ist – in vier »Grundformen der Angst« ein. Dabei stehen sich immer zwei Grundformen gegenüber und bilden je ein Kontinuum zu den Dimensionen »Raum« und »Zeit«:

Dimensionen der Angst

Nähe und Distanz – beides ist wichtig

Dimension Raum: Jeder Mensch hat den Wunsch nach Nähe und Geborgenheit, nach körperlicher und seelischer Sicherheit. Jeder strebt danach, gesehen, anerkannt und angenommen zu werden, dazuzugehören. Aber wie nah ist nah genug? Im Idealfall sind wir mit dem andern eins, wie Mutter und Kind.

Doch das ist selbst Liebenden nicht möglich – jeder ist ein Individuum, und jeder bleibt »allein«. Der Wunsch nach Nähe erzeugt gleichzeitig die Angst vor Distanz, vor Abstand, vor Alleinsein; die Angst, ohne Hilfe und Unterstützung schutzlos auf sich allein gestellt zu sein; nicht gemocht, nicht akzeptiert und angenommen zu werden, von seiner sozialen Umwelt getrennt und sozial isoliert zu sein.

Aber auch das Gegenteil ist richtig: Jeder Mensch hat den Wunsch nach Distanz, nach Autonomie. Jeder würde gerne, im Idealfall, ohne auf irgendetwas Rücksicht nehmen zu müssen, tun und lassen, was ihm gefällt. Jeder träumt davon, sich keinen Ansprüchen anderer stellen, keine Kompromisse machen zu müssen. »Frei« zu sein, ist etwas, was in jedem Menschen angelegt ist. Der Wunsch nach Autonomie aber erzeugt die Angst davor, Freiräume einzubüßen, von anderen vereinnahmt, fremdbestimmt und vielleicht sogar übervorteilt zu werden, im Leben mit seinen Bedürfnissen »zu kurz« zu kommen. Jeder Mensch kennt diese Bestrebungen und die damit einhergehenden Ängste. Der eine mehr von der einen Art, die andere mehr von der anderen. Jeder entwickelt seine Weise, damit umzugehen. Jeder muss die für sich richtige Balance zwischen Nähe und Distanz finden.

»Eine Gesellschaft Stachelschweine drängte sich, an einem kalten Wintertage, recht nahe zusammen, um durch die gegenseitige Wärme sich vor dem Erfrieren zu schützen. Jedoch bald empfanden sie die gegenseitigen Stacheln; welches sie dann wieder voneinander entfernte. Wenn nun das Bedürfnis der Erwärmung sie wieder näher zusammenbrachte, wiederholte sich jenes zweite Übel; so daß sie zwischen beiden Leiden hin- und hergeworfen wurden, bis sie eine mäßige Entfernung voneinander herausgefunden hatten, in der sie es am besten aushalten konnten.«

Arthur Schopenhauer: »Die Stachelschweine«

Dimension Zeit: Jeder Mensch hat den Wunsch nach Entdeckungen und Neuem, nach Abwechslung und Abenteuer. Die Welt soll bunt sein und interessant, Überraschungen bereithalten, Angebote machen, immer wieder den Reiz des Neuen bieten. Das Leben soll ein Feuerwerk an Interessantem sein, ein Markt für Erfahrungen, Anregungen und Lustgewinn. Der Wunsch nach Wandel ist verbunden mit der Angst vor Einerlei und Langeweile, vor Stillstand, Wiederholung und Rückschritt, vor Normen, Routinen und Standards.

Aber auch das Gegenteil gilt: Jeder Mensch hat den Wunsch nach Ruhe und Erholung, nach Beständigkeit und Vertrautem. Jeder wünscht sich Überschaubarkeit und Vorhersagbarkeit, Zuverlässigkeit und Sicherheit. Alles soll so bleiben, wie es ist, dann hat man alles leichter im Griff. Man will vor »unliebsamen Überraschungen« sicher sein und wissen, was auf einen zukommt. Bekanntes Gelände ist leichter zu bewältigen als unbekanntes, neues. Das Rad nicht jedes Mal neu erfinden zu müssen, erleichtert das Leben sehr. Gesetze, Vorschriften, Routinen, Normen bewahren einen vor ständiger Überforderung.

Jeder Mensch kennt diese Sehnsüchte und die damit einhergehenden Ängste. Jeder auf seine individuelle Art. Jeder entwickelt seine ganz spezifische Weise, damit umzugehen. Jeder muss die für sich richtige Balance zwischen Wandel und Dauer finden.

> *»Nichts kann existieren ohne Ordnung.*
> *Nichts kann entstehen ohne Chaos.«*
>
> Albert Einstein

Menschentypen

Wir können davon ausgehen, dass jeder Mensch jede der skizzierten Angstformen aus eigenem Erleben kennt. Jeder Mensch wird dabei – je nach seinem individuellen Gewordensein – die eine oder andere Grundform stärker kennen als die anderen Formen. Und: Jeder wird sich in »Zeit« und »Raum« seinen Platz auf der Skala gesucht haben.

Das TypenQuadrat ist ein nützliches Modell zur Konfliktklärung

Weil das so ist, kann man (in Anlehnung an Riemann) auch von vier »Menschentypen« sprechen: dem »Nähetyp«, dem »Distanztyp«, dem »Wandeltyp« und dem »Dauertyp«, wie dies Abb. 19 zeigt. In anderem Zusammenhang werden diese Strebungen auch als »Broker« (Nähe), »Manager« (Distanz), »Creator« (Wandel) und »Owner« (Dauer) bezeichnet, um die Stärken unterschiedlicher Persönlichkeitsausprägungen zu verdeutlichen. Aber Achtung, die Reinform gibt es nicht. Jeder Mensch ist – mehr oder weniger – jeder »Typ«! Jeder wird lediglich auf der Raumachse und auch auf der Zeitachse (ein bisschen) mehr der eine als der andere Typ sein. Dies allerdings wird sein Leben, seinen Charakter ganz zentral (mit-)bestimmen.

Dies ist so wichtig, weil die Art, wie jemand die Welt begreift, wie jemand empfindet und sein Leben organisiert, wie er anderen begegnet, davon geprägt ist, wie jemand sich im Laufe seines Lebens in Raum und Zeit »verortet« hat. Während für den einen Ordnung das halbe Leben ist, interessiert sich der andere mehr für die zweite Hälfte. Für ihn ist »kreatives Chaos« wichtig ... Das Verständnis füreinander hält sich diesbezüglich möglicherweise in Grenzen und führt vielleicht auch zu wiederkehrenden Irritationen in der Zusammenarbeit; zu »Mikrotraumen« (vgl. S. 133), die sich zu Spannungen aufbauen und einen fruchtbaren Boden für Konflikte bilden.

Das sich aus dieser Betrachtung ergebende »TypenQuadrat« (vgl. Abb. 19) ist ein äußerst nützliches Gedankenmodell für die Konfliktklärung: Es gibt dem Moderator die Möglichkeit zu erschließen, aus welchem Empfinden heraus jemand so argumentiert, wie er argumentiert. Im Konfliktdialog hört man dann Aussagen, wie: »Wie kann man nur ...!«, »Ich werde nie verstehen, wie man ...«, »So ein Korinthenkacker!«, »Dieser Chaot!«, »So ein arroganter Schnösel!« ... Denn im Konflikt werden die Konturen besonders scharf gezeichnet.

Was im Konflikt zunehmend verlorengeht (vgl. Konfliktgenese, Seite 18 ff.), ist das Verständnis und die Toleranz für das Anderssein des anderen, das natürlich nicht besser und nicht schlechter ist als die eigene Art. Konfliktparteien benutzen in ihrer eingeschränkten Wahrnehmungs- und Toleranzfähigkeit aber Extreme zur Verdeutlichung ihres eigenen Empfindens. Menschen können im Konflikt nicht mehr wohlwollend miteinander umgehen. Sie sehen nur die Schattenseiten des anderen, die schwierigen, negativen, belastenden Aspekte des Verhaltens ihres Gegenübers, die »Unwerte« (vgl. Helwig) seiner Eigenschaften.

Wie das auf die Dimensionen Raum (Dauer versus Wandel) und Zeit (Nähe versus Distanz) bezogen aussieht, ist im Folgenden skizziert:

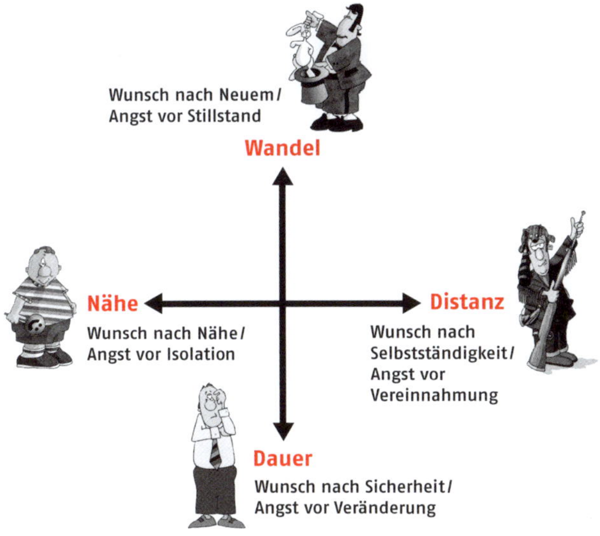

Abb. 19 – TypenQuadrat

Das Positive: Jemand ist exakt in seinen Angaben, genau in seinen Ausarbeitungen, im höchsten Maße korrekt und zuverlässig. Übertreibt er diese Stärken, so kippt es, und es kommt zum bekannten Zuviel des Guten!

Für die Dauer-Strebung bedeutet das, dass Stärken, wie Genauigkeit, Ausdauer, Beständigkeit, Stabilität, Zuverlässigkeit, bei Übertreibung zu destruktiver Zwanghaftigkeit, Sturheit und Prinzipienreiterei »entarten«.

Die guten Seiten des Wandelstarken, wie Improvisationstalent, Begeisterungsfähigkeit, Kreativität und Erfindungsgeist, verkommen zu Gewurstel, Schlamperei, Unordnung und Chaos.

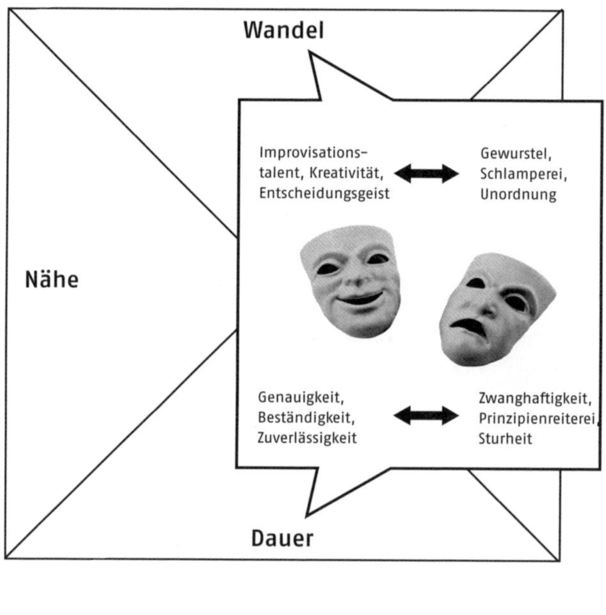

Abb. 20 – »Dauer versus Wandel«

NÄHE versus DISTANZ

Die menschliche Wärme des Nähe-Menschen, der kontaktfreudig und hilfsbereit ist, der Austausch sucht und gut zuhören kann, wird zu Aufdringlichkeit, Anbiedern und Tratscherei …

Der distanzstarke Kollege, bei dem man stets weiß, wie man dran ist, der Nein sagt, wenn er Nein meint, der sich durch Selbstständigkeit, klaren Sachverstand und Entscheidungsstärke auszeichnet, wird zum Einzelgänger, Eigenbrötler und verschrobenen Sonderling, der kaum mehr zu erreichen ist, arrogant, sarkastisch und verletzend wirkt.

> *»Alle Ding' sind Gift und nichts ohn' Gift; allein die Dosis macht, dass ein Ding kein Gift ist.«*
>
> PARACELSUS

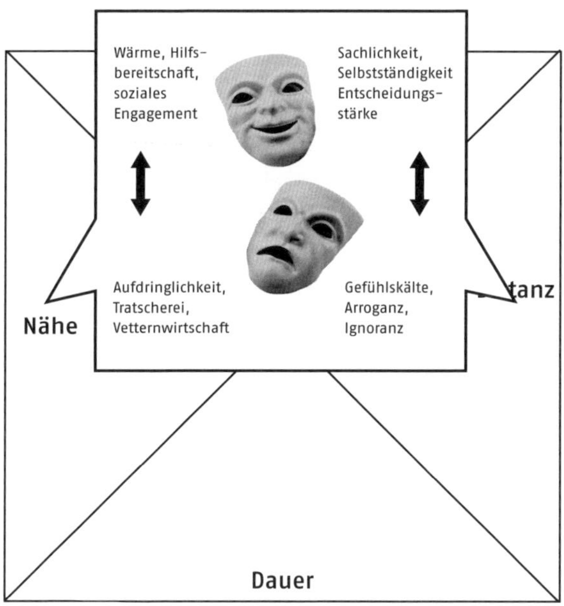

Abb. 21 – »Nähe versus Distanz«

Heimatgebiete und Argumente

Im Konflikt werden die Konturen des Andersseins schärfer wahrgenommen, und die Konfliktparteien sehen vor allem die »Unwerte« der jeweiligen Orientierung des/der anderen besonders deutlich.

In der Konfliktmoderation ist es daher besonders wichtig, einseitig negative Sichtweisen aufzuweichen. Es gehört zu den zentralen Aufgaben des Moderators, das Verständnis füreinander zu fördern. Dazu hilft es, die eine oder andere Aussage zu konkretisieren, zu relativieren und/oder zu »übersetzen«. Um hier vermittelnd agieren zu können, ist es hilfreich, sich zu vergegenwärtigen, dass prinzipiell jede gute Eigenschaft zum Gegenteil verkommt, wenn man sie übertreibt. Was »normal« und was übertrieben ist, das ist allerdings subjektive Wertung: Wann ist bewusster Umgang mit Geld Sparsamkeit, und wo beginnt der Geiz?

Im Konflikt werden die Konturen des Andersseins schärfer wahrgenommen

Man kann sich das so vorstellen, wie wenn zwei Menschen Dialekt sprechen: Der eine spricht breitestes Bayerisch, und die andere sächselt, was das Zeug hält. Im Konfliktdialog wird aus dem Bayerischen Amerikanisch, und aus Sächsisch wird Mandarin. Jeder der beiden versteht die Sprache des anderen bestenfalls rudimentär. Wenn er sich sehr bemüht, kann er mehr erahnen als verstehen, was der andere meint.

In Abwandlung des bekannten Bibelwortes »An ihren Taten sollt ihr sie erkennen!« (1. Johannes 2,1-6) gilt im Konfliktdialog: An ihren Worten werdet ihr sie erkennen! Je nachdem, für welchen Typus eine Aussage, ein Bedürfnis formuliert werden soll, kann der Moderator Aussagen verwenden, wie:

NÄHE
Ich brauche …
… den Dialog mit anderen.
… den Austausch mit anderen.
… die Abstimmung mit anderen.
… Teamarbeit.
… das Gefühl, nicht allein dazustehen mit meiner Meinung.

DISTANZ
Ich brauche …
… Zeit für mich ganz allein.
… Respekt.
… eine gesunde Distanz zu den Dingen und den Menschen.
… überzeugende Pläne, Argumente, Konzepte.
… das Gefühl, dass ich eine eigene Meinung haben darf.

DAUER
Ich brauche …
… Ordnung.
… verlässliche Zusagen.
… Standards.
… das Gefühl, dass Ordnung etwas wert ist.
… das Gefühl, dass nicht alles, kaum ist es entschieden, sofort wieder umgeschmissen wird.

WANDEL
Ich brauche …
… Fortschritt.
… Neues.
… das Gefühl, dass ich auch Fehler machen darf.
… die Möglichkeit, etwas auszuprobieren.
… das Gefühl, dass sich was bewegt.

Die Kunst besteht dann darin, das Gesagte, z.B. mithilfe des Doubelns, in die Sprache des jeweils anderen zu übersetzen.

Dabei übersetzt der Moderator DU-Aussagen mit Vorwurfs-Charakter in ICH-Aussagen mit Bedürfnis-Charakter (vgl. Kommunikations-Eisberg, Seite 13): Aus »Du bist ...« wird »Für mich ist das schwierig, weil ...« Zudem wird von der typspezifischen Sprache des einen in die typspezifische Sprache des anderen übersetzt. Die Aussage aus der »Distanzecke«: »Ich finde das blöd, wenn du dauernd ankommst, um mit mir Banalitäten zu erörtern. Ich kann dieses Gequatsche nicht haben!«, klingt dann durch den Moderator übersetzt vielleicht so: »Ich brauche Zeiten, in denen ich ungestört arbeiten kann, sonst kriege ich keinen brauchbaren Arbeitsrhythmus für mich hin. Wenn du unangemeldet kommst, fliege ich aus meinem Rhythmus.«

Peseschkians Traumen

Makrotraumen nennt der Wiesbadener Arzt und Psychotherapeut Nossrat Peseschkian große, einschneidende Ereignisse, die man ein Leben lang nicht vergisst, wie den Tod eines nahestehenden Menschen, Trennung, Arbeitsplatzverlust, Verrat, aber auch die Geburt des eigenen Kindes, Lottogewinn, Heirat und ähnlich einschneidende Ereignisse (vgl. Peseschkian).

Als Mikrotraumen bezeichnet er kleine Ärgernisse, wie die oft strapazierte zerknautschte Zahnpastatube. Mikrotraumen können sich – bei ständiger Wiederholung – zu einem ernst zu nehmenden Konfliktpotenzial summieren. Der sprichwörtliche Tropfen bringt dann das Fass zum Überlaufen.

Dazwischen gibt es sicherlich »mittelschwere« Ereignisse (Miditraumen), wie empfundene Geringschätzung, Ignoranz, Beleidigung ... die seelische Kratzer, Narben und Wunden hinterlassen und eine Beziehung dauerhaft belasten.

Kleine Ärgernisse werden bei ständiger Wiederholung zum ernst zu nehmenden Konfliktpotenzial

In der Konfliktklärung geht es in aller Regel nicht um die Bearbeitung von Makrotraumen, sondern darum, die Mikro- und Miditraumen zu bearbeiten, die eine Beziehung so schwer belasten, dass die Situation für die Beteiligten und Betroffenen nicht weiter (er)tragbar ist: der Kollege, der es »nie« schafft, seine Aufgaben pünktlich zu erledigen, die Kollegin, die »immer« die Belege bei sich liegenlässt, der Chef, der witzig sein will, aber »immer« nur peinlich ist ... All das sind Beispiele für »Beziehungsstolpersteine«, die Konflikten Nahrung geben.

Dabei beschreiben diese Verhaltensweisen, bzw. deren Deutungen, nur die Oberfläche. Darunter verborgen sind empfundene Verletzungen. Dass der Kollege seine Aufgaben nicht pünktlich erledigt, empfindet der andere als Geringschätzung seiner Person. Und das hört sich dann im Konflikt etwa so an: »Das ist dir doch völlig egal, wie ich damit zurande komme, dass ich die Arbeiten von dir immer (!) viel zu spät bekomme!«

Die Tatsache, dass Arbeiten sicherlich nicht immer, doch vermutlich immer wieder, zu spät abgeliefert werden, schafft möglicherweise Probleme im Arbeitsablauf, aber noch keinen Konflikt. Erst die Deutung, »Das ist dem doch ganz egal …«, sprich, »Ich bin dem doch ganz egal …«, erzeugt beim Empfänger Frust und schürt den Konflikt.

In der Moderation ist es daher wichtig, sich zu fragen, was an einem Vorwurf denn nun für den Ankläger so schlimm ist. Was ist »dahinter« bzw. darunter? Worum geht es wirklich? Erst, wenn die Beziehungsverletzung entdeckt und besprechbar ist, wird eine Lösung möglich.

Freuds Abwehr

Projektion

Projektion ist (frei nach Sigmund Freud) ein Trick unserer Psyche, der uns vor eigenen Wahrnehmungen, Gedanken und Empfindungen, Sehnsüchten, Wünschen … schützt, die wir (aus welchen Gründen auch immer) nicht zulassen können, indem wir diese jemand anderem zuschreiben.

Wenn das Verhalten einer anderen Person uns »negativ berührt« und emotional sehr erregt, kann es sein, dass wir uns insgeheim wünschen, den Mut zu haben, genau dieses Verhalten selbst zu zeigen! Im Konfliktdialog kann also hinter einer Aussage, wie »Wie kann man nur …!« oder »Ich werde nie verstehen, wie man …!«, eine Projektion im Spiel sein. Drängt sich dem Moderator die Vermutung auf, dass hier jemandem etwas in die Schuhe geschoben werden soll, so kann er dies über gezieltes Doubeln abfragen.

Eine Aussage, wie etwa: »Wie kannst du nur immer pünktlich nach Hause gehen, egal wie hoch die Aktenstapel sind – ich finde, das ist einfach das Letzte, so verhält man sich nicht!«, könnte der Moderator mit der Aussage doubeln: »Ich finde es toll, wenn man pünktlich gehen kann. Ich beneide dich manchmal um deine Unabhängigkeit, ja, deinen Mut, einfach zu gehen, wenn es dir wichtig ist. Aber ich fühle mich dann alleingelassen, weißt du, und dann …«

Entweder die gedoubelte Person würde (auch) gerne pünktlich gehen, traut sich das aber nicht und lehnt dieses Verhalten daher beim anderen ab und/oder sie fühlt sich alleingelassen, nicht gesehen, geringgeschätzt und klagt das Verhalten deshalb an. In beiden Fällen ist durch das Doubeln ein Angebot gemacht, darüber zu sprechen …

> *»Projektion ist das Verfolgen eigener Wünsche in anderen.«*
>
> Sigmund Freud

Übertragung

»Der ist wie mein früherer Chef …«, »Ich kenne das von meinem Onkel …«, »Wenn ich schon sehe, wie sie sich kleidet, so war meine Tante auch, und die hat immer …« sind Aussagen, die unzulässige Vergleiche offenlegen. Kein Mensch ist wie … Jeder Mensch ist einmalig.

Die Gefahr derartiger Vergleiche liegt darin, dass Befürchtungen, Erwartungen, Hoffnungen … auf eine Person übertragen werden, die damit nicht gemeint sein kann. Der »Empfänger« ist sozusagen »der falsche Briefkasten« für die ihm entgegengebrachten Empfindungen. Es entsteht Verwirrung in der Beziehung, die leicht zu Konflikten führt.

In der Moderation kann man durch die Technik des Nachfragens (vgl. Fragen, Seite 90 ff.) die Klärung der Situation fördern. Bei einer Aussage, wie: »Du bist genau wie dein Ziehvater!«, könnte der Moderator beispielsweise fragen: »In welchen Punkten ist er völlig anders?« So kann man deutlich machen, dass es zwar Verhaltensweisen geben mag, die »verblüffend« an eine bekannte Person erinnern, dass dieser Mensch aber ein gänzlich anderer Mensch ist.

Auch als Moderator ist man nicht davor gefeit, jemanden »zu verwechseln«. Besonders groß ist die Gefahr, wenn man zu jemandem sofort einen »guten Draht« hat, weil er oder sie sich »zum Verwechseln ähnlich« verhält wie der Vater, der Sohn, die Mutter, die Tochter, ein Freund ... Auf diese Person so zu reagieren, als wäre sie die Person, an die sie erinnert, wäre fatal. Allparteilichkeit wäre nicht mehr möglich.

Watzlawicks Axiome

Paul Watzlawick hat in seinem vermutlich bekanntesten Buch »Menschliche Kommunikation« zusammen mit Kollegen fünf Axiome – nicht beweisbare, unmittelbar einleuchtende Grundsätze – beschrieben, die man für die Konfliktklärung unbedingt kennen muss. Denn auch aus der Unkenntnis dieser Zusammenhänge entstehen »Kommunikationsfehler« und daraus dann Missverständnisse und konfliktäre Situationen ...

1. Man kann nicht nicht kommunizieren.

Oder anders ausgedrückt: Jeder erzeugt zu jeder Zeit Botschaften. Kommunikation hat kein Gegenteil. Zu glauben, man könne im Mitteilen pausieren, ist ein fataler Denkfehler, denn: Die Botschaft entsteht beim Empfänger. Der Empfänger konstruiert, was er glaubt, dass der Sender ihm mitteilen wollte!

Jeder kann also aus allem, was ich tue, und aus allem, was ich nicht tue, eine Botschaft konstruieren. Jemanden anzuschauen, ist ebenso eine »Botschaft«, wie jemanden nicht anzuschauen. Etwas zu sagen, ist ebenso eine Botschaft, wie nichts zu sagen. Da der andere mein Verhalten deutet, und er kann es nicht nicht deuten, kommt immer etwas an. Die Frage ist nur, ob auch das ankommt, was ich gerne hätte.

So kann es zu Konflikten kommen, weil das Verhalten vom Empfänger anders gedeutet wird, als es vom Sender intendiert war. Jemand fühlt sich nicht gesehen und nicht gewürdigt, fühlt sich »links liegengelassen«, weil der andere ihn nicht anspricht – doch dieser wollte seinerseits dem anderen nur »nicht auf den Keks gehen« …

Missverständnisse können zu Beziehungsverletzungen führen. Bevor man also im Konfliktdialog »tiefer gräbt«, sollte man in Betracht ziehen, dass es vielleicht »nur« um die Klärung von Missverständnissen geht.

Missverständnisse können zu Beziehungsverletzungen führen.

2. Kommunikation hat einen Inhalts- und einen Beziehungsaspekt.

Immer wenn wir kommunizieren, dann sagen wir etwas über einen Inhalt, die Sache, um die es gerade geht, und wir sagen immer etwas über die Beziehung zum anderen, so wie wir sie sehen oder gerne hätten – all das passiert gleichzeitig. Die Inhalts- oder Sachbotschaft hat sozusagen immer eine Beziehungsbotschaft im Gepäck (vgl. Seite 12 ff.). Und: Wir haben deutlich größere »Beziehungsohren« als »Inhaltsohren«!

Wird eine Beziehungsbotschaft falsch entschlüsselt, so kommt es leicht zu Missverständnissen, Verstimmungen und Konflikten.

! Beziehungsklärung ist der Kern der Konfliktklärung. Im Dialog der Konfliktparteien muss der Moderator besonders konzentriert darüber wachen, dass die Beziehungsbotschaften richtig ankommen.

3. Die Interpunktion von Ereignisfolgen bestimmt deren Bedeutung.

In schwierigen Zeiten des Miteinanders und ganz besonders im Konflikt stellt sich leicht die Frage: »Wie hat das eigentlich angefangen?«, womit letztlich die Frage nach der Schuld, die Frage nach dem Schuldigen gestellt wird. Wer ist für diesen Schlamassel verantwortlich? Wer hat das angerichtet? Das Problem dabei ist das bekannte Problem von Henne und Ei – was war zuerst da?!

Die Antwort auf die Frage, »wie das alles begonnen hat«, wird, je nachdem, was man zum Anfangspunkt erklärt, so oder so ausfallen. Die Interpunktion, also die Entscheidung darüber, wo man den Punkt setzt, ist entscheidend dafür, wie sich die Sache darstellt und wer oder was letzten Endes »schuld ist«.

Hat der Konflikt begonnen, als »A« »B« nicht mit ins Projekt genommen hat? Oder schon, als »B« »A« nicht über Omega informiert hat? Oder doch schon, als »A« …?

Es ist daher sinnlos, eine Antwort darauf zu suchen, wo »es« begonnen hat. Was einzig zählt ist, was jetzt erforderlich ist, damit …

4. Kommunikation ist digital und analog.

Wenn wir miteinander reden, dann kommunizieren wir immer – und ohne die geringste Chance zu haben, eines von beidem lassen zu können – auf digitale und analoge Art und Weise. Dabei ist »das Digitale« das, was man von dem Gesprochenen mitschreiben könnte, und »das Analoge« ist all das, was man nicht mitschreiben könnte. Das Digitale sind die nackten Worte, und das Analoge ist der Tonfall, die Mimik, die Gestik, die Körperhaltung … (vgl. Beispiel auf Seite 12). Der analoge Teil ermöglicht uns, das »gesprochene Wort« so zu verstehen, wie es gemeint war; zumindest aber erleichtert er es sehr. Das Kabarett lebt vom Spiel mit diesen beiden Aspekten.

In der Konfliktklärung kann sich herausstellen, dass die belastete Beziehung aufgrund (wiederkehrender) missverständlicher Beziehungsbotschaften zustande kam. Es könnte also sein, dass für den Empfänger etwa die digitalen und die analogen Botschaften nicht »zusammengepasst« haben und das (wiederholt) zu »fehlerhafter« Entschlüsselung der Botschaften führte.

5. Eine Kommunikationsbeziehung ist symmetrisch oder komplementär.

Menschen, die miteinander sprechen, haben eine Beziehung zueinander. Diese kann entweder symmetrisch sein oder komplementär, also auf Gleichheit beruhend oder auf Ergänzung.

Symmetrisch ist eine Beziehung dann, wenn »A« mit »B« umgehen kann wie »B« mit »A«. Zwei Arbeitskollegen, die auf derselben Hierarchiestufe stehen, werden – so kann man zumindest vermuten – eher eine symmetrische Beziehung haben.

Eine Beziehung, die auf Ergänzung aufbaut, eine »Yin & Yang-Beziehung«, ergibt sich etwa zwischen Vater und Sohn, Lehrer und Schüler, Chef und Mitarbeiter. Kein Chef ohne Mitarbeiter, kein Mitarbeiter ohne Chef.

Wird eine Beziehung von den Beteiligten unterschiedlich interpretiert, so führt dies leicht zu Irritationen … »Was nimmt der sich heraus!?«, »Wie kommt der dazu …« usw.

! Wenn Konfliktparteien unterschiedlicher Meinung sind, welcher Natur ihre Beziehungsstruktur ist, so ist der Konfliktdialog der richtige Ort, das zu klären.

Im Konflikt wehren sich die Parteien mit immer härteren Bandagen dagegen, dass jemand die »Schmerzschicht« erreicht. Oder sie versuchen, sich für erlittene Berührungen oder zugefügte Verletzungen zu rächen. Die Bandbreite der Abwehrreaktionen reicht von subtilen Angriffen bis zu Wutausbrüchen und direkten verbalen Angriffen. In welcher »Waffengattung« der Einzelne besonders geübt ist, ist sicherlich auch Typsache: Ein Nähetyp wird anders argumentieren als ein Distanztyp.

Im Konfliktdialog besteht eine Aufgabe des Konfliktmoderators deshalb darin, zu erkennen, ob …

a) das Geschehen möglicherweise ein negatives (Kindheits-) Erlebnis aktiviert hat und ein roter Knopf gedrückt wurde,
b) ein Missverständnis von Typ zu Typ vorliegt und »A« Verhalten von »B« nicht verstehen und nicht (länger) ertragen kann,
c) das »Mikrotraumen-Rabattheft« voll ist und jetzt eingelöst wurde,
d) etwas als DU-Botschaft daherkommt und somit verletzend ist oder
e) eine Ablehnung aufgrund einer Projektion besteht,
f) eine Verwechslung im Sinne einer Übertragung vorliegt,
g) der Konflikt durch unterschiedliche Beziehungsinterpretationen erzeugt/gestützt wird.

All diese Phänomene können Beziehungswunden schlagen und einen Konflikt verursachen und nähren. All diese »Psycho-Tricks« können im Konfliktdialog auftauchen und werden im Idealfall aufgegriffen und offengelegt, um eine Beziehungsheilung möglich werden zu lassen.

»(Psycho-)Tricks« sollten aufgedeckt werden.

Ach du dickes Ei! Was tun, wenn ...

In aller Regel wird der Konfliktmoderator als Helfer erlebt und behandelt. Seine Bereitschaft zu helfen, »dass es wieder besser wird« oder dass sich zumindest »die Situation klärt«, damit man weiß, wo man steht, und (für sich) entscheiden kann, wie es weitergehen soll, wird mit Mitarbeit »belohnt«. Da der Konfliktmoderator geradezu darauf aus ist, »Hidden Feelings« zutage zu fördern und emotionale Kratzer, Narben und Wunden offenzulegen, kann es natürlich auch zu »Gefühlsausbrüchen« kommen, die sich in ganz unterschiedlicher Form zeigen können. Der Konfliktmoderator muss also wissen, wie er mit schwierigen Situationen umgehen kann. Was tun, wenn jemand sich verweigert oder das Vorgehen ins Lächerliche zieht? Wie reagieren, wenn ein Teilnehmer einen Weinkrampf hat, rausrennt, dem Moderator Vorwürfe macht oder ihm sogar droht?

Im Folgenden sind mögliche Verhaltensweisen für diese »typischen Situationen« skizziert. Es sei an dieser Stelle nochmals darauf hingewiesen, dass das Wissen um ein mögliches Vorgehen dessen Erlernen im Rahmen einer soliden Ausbildung nicht ersetzen kann.

Angriff auf das »Setting«: Es kommen Aussagen, wie: »Wo sind die Tische?« Oder: »Ich brauche einen Tisch!«

Mögliche Reaktion:
- Ruhig sagen: »Wir arbeiten ohne Tische!«, »Wir benötigen momentan keine Tische!«

Wenn das nicht reicht:
- »Ich kann Ihnen nur dieses Vorgehen anbieten. Ich arbeite so; das ist meine Arbeitsweise.«
- »Ich habe damit gute Erfahrungen gemacht.«
- »Ich schlage vor, Sie probieren es jetzt einfach mal so – o.k.?«

Verweigerung: Es kommen Aussagen, wie: »Dazu sage ich nichts!« Oder: »So ins Private hinein gebe ich keine Auskunft!«

Mögliche Reaktion:

- Zulassen, nicht hinterfragen. Ggf. kurz den Unterschied zwischen persönlich und privat erläutern: »Nein, über Privates müssen Sie selbstverständlich keine Auskunft geben. Was Ihre ganz persönliche Sicht der Dinge für unser Thema betrifft, das ist natürlich schon wichtig.«
- Angebot machen: »Dann arbeite ich jetzt erst mal mit Frau B, und wenn Sie dann doch was sagen möchten, tun Sie das einfach.«
- Ausführliche Selbstklärung mit Frau B machen (bis A sich wieder einklinkt) bzw. A nach einigem zeitlichen Abstand erneut einbeziehen, »als wäre nichts gewesen«.

Ins Lächerliche ziehen: Jemand macht sich über den Moderator und/oder das Vorgehen lächerlich.

Mögliche Reaktion:

- Annehmen, ernst nehmen: »Aha, so sehen Sie das!«
- »Tja, ich habe nur diese Möglichkeit, Ihnen zu helfen. Das können Sie jetzt nutzen, oder wir lassen es.«
- Notfalls: »Hineingehen« → »Ich verstehe nicht, was Sie mir jetzt sagen wollen!«, »Ich glaube, ich habe Sie noch nicht verstanden. Was ist es, was Sie mir sagen wollen?«, »Ich möchte Ihr Anliegen gerne verstehen. Was ist es, was Sie jetzt brauchen?« → den Angriff als Wunsch behandeln.

Ablehnung des Doubelns: Jemand lehnt es ab, direkt gedoubelt zu werden: »Mich muss man nicht übersetzen!«

Mögliche Reaktion:

- Nachsetzen: »Ja, Sie sprechen sehr verständlich. Ich würde trotzdem gerne einen Aspekt ansprechen, der uns weiterbringen könnte – darf ich?«
- Die Ablehnung – spätestens beim zweiten Mal – ohne Kommentar hinnehmen und den Teilnehmer indirekt doubeln (vgl. Seite 110).

Die Teamskizzen bringen keine relevanten Informationen, sodass auf dieser »Datenbasis« ein Klären der Situation nicht möglich ist.

Mögliche Reaktion:

- Die Situation annehmen und arbeiten, so gut es eben geht.
- Nach Abschluss der geplanten ersten Klärungsrunde die Situation ansprechen: »Haben Sie das Gefühl, dass alles auf den Tisch kam, was auf den Tisch gehört?«, »Konnten wir alles klären, was zu klären war?«, »Wie viel Prozent von dem, was es zu besprechen gilt, haben wir jetzt bearbeitet?«
- Ggf. eine zweite Runde einläuten.
- Wenn der Widerstand anhält, die Ängste annehmen und den Teilnehmern über ein »Wünsche wünschen« (vgl. Seite 59 ff.) eine (zumindest) weniger tiefe Klärung ermöglichen.

Weinkrampf: Jemand gestattet sich nicht, zu weinen, aber das Weinen ist stärker ... es entsteht ein »Weinschüttelfrost«.

Mögliche Reaktion:

- Nicht weiterarbeiten!
- Ansprechen, sagen: »Ich bin für Sie da!«, »Lassen Sie es ruhig raus!«, »Es ist o.k.!«, »Lassen Sie es zu!«, »Es ist gut!«

- Ggf. berühren: Hand auf den Arm legen ... jemanden in den Arm nehmen.
- Pause machen!

Rausrennen: Jemand schickt sich an, den Raum zu verlassen.

Mögliche Reaktion:
- Ansprechen, zurufen: »Halt, bevor Sie rausgehen: Was ist der Grund, dass Sie jetzt rausgehen?«
- Situation klären: Was ist der Grund, was die Absicht, was braucht derjenige, wie geht es damit weiter? Wann ist er wieder hier?
- Pause vereinbaren.
- Pause machen.
- Für Betreuung sorgen!

Vorwürfe an den Moderator: Jemand macht dem Moderator einen Vorwurf, wie etwa: »Ich habe den Eindruck, Sie haben keinen Anstand, so wie Sie in die Leute eindringen, das tut man nicht!«

Mögliche Reaktion:
- Nicht therapeutisch-distanziert antworten, nach dem Motto »Woher kennen Sie das bei sich?«, sondern ...
- Vorwürfe annehmen.
- Vorwürfe hinterfragen.
- Auf Vorwürfe eingehen und diese aufarbeiten.

Drohen: Jemand spricht offen eine Drohung aus, wie: »Ja, wenn das hier so läuft, dass ..., dann ...«

Mögliche Reaktion:
- Annehmen, nicht überhören/übergehen!
- Sehr ernst nehmen!

- Wenn möglich: nachfragen und herausarbeiten, was los ist: Jemand »sieht sich nicht gesehen«!
- Klären, ob und wie es weitergehen soll.
- Wenn juristische Relevanz, Juristen hinzuziehen.
- Notfalls abbrechen (und juristische Klärung vorschlagen).

Gewaltausbruch: Jemand wird laut, schreit herum.

Mögliche Reaktion:
- Laut und entschieden Stopp sagen!
- Fragen: »Was ist passiert?« Oder: »Was ist jetzt los?«
- Situation nehmen, wie sie ist, und (wenn möglich) aufarbeiten.
- Notfalls abbrechen (und juristische Klärung vorschlagen).

Im Kreis drehen: Man kommt nicht weiter, kommt immer wieder zum selben Punkt.

Mögliche Reaktion:
- Akzeptieren, Klärung nicht erzwingen wollen!
- Sagen: »O.k. – klarer wird es im Moment nicht. Ich möchte das jetzt erst mal so stehen lassen.«
- Situation annehmen und das nächste Thema anpacken.
- Diesen Punkt ggf. später noch mal aufgreifen. Gerät man dann wieder in dieselbe Struktur, das Thema abschließen.
- Zulassen, dass sich dieser Aspekt in dieser Runde nicht klären lässt.

Übrigens ...

Es ist nicht immer so, wie es aussieht – meist gibt es mehrere Wahrheiten!

Es kaufte sich eine ältere Frau im Schnellrestaurant einen Teller Suppe. Behutsam trug sie die dampfende Köstlichkeit an einen Stehtisch und hängte ihre Handtasche darunter. Dann ging sie noch einmal zur Theke: Den Löffel hatte sie vergessen. Als sie zum Tisch zurückkehrte, stand dort doch tatsächlich einer jener Afrikaner – schwarz, Kraushaar, bunt wie ein Paradiesvogel – und löffelte die Suppe.

Zuerst schaute die Frau ganz verdutzt; dann aber besann sie sich, lächelte ihn an und begann, ihren Löffel zu dem seinen in den Teller zu tauchen. Sie aßen gemeinsam. Nach der Mahlzeit – unterhalten konnten sie sich kaum – spendierte der junge Mann ihr noch einen Kaffee. Er verabschiedete sich höflich. Als die Frau gehen und unter den Tisch zur Handtasche greifen will, findet sie nichts – alles weg.

Also doch! Ein gemeiner, hinterhältiger Spitzbube. Ich hätte es mir doch gleich denken können – Gemeinheit! Enttäuscht, mit rotem Gesicht schaut sie sich um. Er ist spurlos verschwunden. Aber am Nachbartisch erblickt sie einen Teller Suppe, inzwischen kalt geworden. Darunter hängt ihre Handtasche.

Aus: Willi Hoffsümer (Hrsg.): In Geschichten das Leben spiegeln,Verlag Grünewald, Mainz 1997

Literatur

Quellen und Literatur zur Vertiefung einzelner Aspekte

- Adler, Alfred
  Wozu leben wir?
  Fischer Verlag, Frankfurt 2006

- Bandler, Richard /Grinder, John
  Metasprache und Psychotherapie
  Junfermann, Paderborn 1981

- Bateson, Gregory
  Geist und Natur
  Suhrkamp, Frankfurt am Main 1987

- Cohn, Ruth
  Von der Psychoanalyse zur themenzentrierten Interaktion
  Klett-Cotta, Stuttgart 2009

- Dreikurs, Rudolf
  Grundbegriffe der Individualpsychologie
  Klett-Cotta, Stuttgart 2009

- Glasl, Friedrich
  Konfliktmanagement: Ein Handbuch für Führungskräfte, Beraterinnen und Berater
  Verlag Paul Hupt Bern/Verlag Freies Geistesleben, Stuttgart 2004

- Harrison, Roger
  Role Negotiation: a tough minded approach to team development.
  In: W. W. Burke & H. A. Hornstein (Hrsg.),
  The social technology of organization development,
  Fairfax, Va.: NTL 1972, S. 84–96.

- Helwig, Paul
  Charakterologie
  Ernst Klett Verlag, Stuttgart 1994

- Korzybski, Alfred
  Science and Sanity: An Introduction to Non-Aristotelian Systems and General Semantics
  Institute of General Semantics
  Englewood, New Jersey, 1959

- Kühl, Stefan
  Wenn die Affen den Zoo regieren.
  Die Tücken der flachen Hierarchien
  Campus, Frankfurt am Main 1998

- Langer/Schulz von Thun/Tausch
  Sich verständlich ausdrücken
  Ernst Reinhardt Verlag, München 2006

- Peseschkian, Nossrat
  Positive Psychotherapie: Theorie und Praxis
  Fischer Taschenbuch Verlag, Frankfurt am Main 2004

- Precht, Richard David
  Wer bin ich – und wenn ja, wie viele?
  Eine philosophische Reise
  Goldmann, München 2007

- Prior, Manfred
  MiniMax-Interventionen: 15 minimale Interventionen mit maximaler Wirkung
  Carl-Auer, Heidelberg 2007

- Rosenberg, Marshall B.
  Gewaltfreie Kommmunikation: Eine Sprache des Lebens
  Junfermann, Paderborn 2007

- Riemann, Fritz
  Grundformen der Angst: Eine tiefenpsychologische Studie
  Ernst Reinhardt Verlag, München/Basel 2006

- Satir, Virginia
  Selbstwert und Kommunikation: Familientherapie für Berater und zur Selbsthilfe
  Pfeiffer bei Klett-Cotta, Stuttgart 2009

- Seifert, Josef W. 1
  Visualisieren. Präsentieren. Moderieren. Der Klassiker
  GABAL Verlag, Offenbach 2009

- Seifert, Josef W. 2
  Moderation und Kommunikation: Gruppendynamik und Konfliktmanagement in moderierten Gruppen
  GABAL Verlag, Offenbach 2008

- Seifert, Josef W. 3
  Besprechungen erfolgreich moderieren
  GABAL Verlag, Offenbach 2007

- Stroecken, Harry
  Kleine Psychologie des Gesprächs: Ein praktischer Ratgeber
  Vandenhoeck und Ruprecht, Göttingen/Zürich 1993

- Thomann, Christoph/Schulz von Thun, Friedemann
  Klärungshilfe 1: Handbuch für Therapeuten, Gesprächsleiter und Moderatoren in schwierigen Gesprächen
  Rowohlt Taschenbuch Verlag,
  Reinbek bei Hamburg 2003

- Thomann, Christoph
  Klärungshilfe 2: Konflikte im Beruf, Methoden und Modelle klärender Gespräche
  Rowohlt Taschenbuch Verlag, Reinbek bei Hamburg 2004

- Watzlawick/Beavin/Jackson
  Menschliche Kommunikation – Formen, Störungen, Paradoxien
  Verlag Hans Huber, Bern – Stuttgart – Wien 2000

- Widmer, Samuel/Danièle Nicolet
  Ins Herz der Dinge lauschen
  Nachtschatten Verlag, Solothurn 2000

Verzeichnis der Abbildungen

»Darf ich eine Abbildung von Ihnen machen?«

Stichwortverzeichnis

Josef W. Seifert bei GABAL

Visualisieren – Präsentieren – Moderieren

Das Wesentliche zu den eng miteinander verknüpften Bereichen Visualisieren, Präsentieren und Moderieren in drei in sich geschlossenen Kapiteln. Dieses Buch ist zu einem Standardwerk geworden. Mit 500.000 verkauften Exemplaren, vermutlich **das meist gekaufte Moderationsbuch!** Der Autor hat es bereits mehrere Male überarbeitet und erweitert.

Tipp: Erhältlich in Deutsch, Englisch und Französisch.

Moderation & Kommunikation

Griffige Methoden für den feinstofflichen Bereich des Moderierens. Kommunikation, Gruppendynamik, Konfliktmanagement theoretisch fundiert und sehr praxisbezogen. Seifert beschreibt in diesem Buch, das man als Band zwei zum Klassiker »Visualisieren, Präsentieren, Moderieren« bezeichnen könnte, bewährte Techniken zur Steuerung des emotionalen Gruppenprozesses in moderierten Gruppen.

Tipp: Das Buch ist die ideale Ergänzung zum Longseller »Visualisieren – Präsentieren – Moderieren«.

Besprechungen erfolgreich moderieren

Hier geht es um die Umsetzung der klassischen Moderationstechnik in der Besprechungssituation am »runden Tisch«. 11 hilfreiche Kapitel für klassische Besprechungen und Projektmeetings. Das Buch beinhaltet die Basics des Besprechungsmanagements für Leiter und Teilnehmer, von der Vorbereitung über die Methoden zur Themenbearbeitung und der Fragetechnik, bis hin zum Protokoll.

Tipp: Auch als Hörbuch erhältlich.